珊瑚礁科学

多重压力胁迫下人类与珊瑚礁生态系统共生共存策略

Coral Reef Science

Strategy for Ecosystem Symbiosis and Coexistence with Humans under Multiple Stresses

[日] 茅根创　著

周　智　钟哲辉　唐　佳　等译

海洋出版社

2024年 · 北京

图书在版编目（CIP）数据

珊瑚礁科学：多重压力胁迫下人类与珊瑚礁生态系统共生共存策略 / (日) 茅根创著；周智等译. — 北京:海洋出版社, 2024.4
书名原文: Coral Reef Science Strategy for Ecosystem Symbiosis and Coexistence with Humans under Multiple Stresses
ISBN 978-7-5210-1040-4

Ⅰ. ①珊… Ⅱ. ①茅… ②周… Ⅲ. ①珊瑚礁－生态系－研究 Ⅳ. ①P737.2

中国版本图书馆CIP数据核字(2022)第211629号

First published in English under the title
Coral Reef Science: Strategy for Ecosystem Symbiosis and Coexistence with Humans under Multiple Stresses
edited by Hajime Kayanne

图字：01-2024-3383

责任编辑：项 翔 孙 巍
责任印制：安 淼

海洋出版社 出版发行
http://www.oceanpress.com.cn
北京市海淀区大慧寺路 8 号 邮编：100081
涿州市般润文化传播有限公司印刷 新华书店经销
2024年4月第1版 2024年4月第1次印刷
开本：787mm × 1092mm 1 / 16 印张：10.5
字数：169千字 定价：138.00元
发行部：010-62100090 总编室：010-62100034
海洋版图书印、装错误可随时退换

序　言

珊瑚礁是一个涵盖珊瑚－共生藻、生态系统、地形地貌和人类等不同层次的共生系统。该生态系统具有高光合作用（形成了食物链和食物网的基础）和强钙化作用（构建了珊瑚群体和珊瑚礁地形地貌），这些特性是珊瑚礁生态系统拥有高度丰富的生物多样性的基础。人类是珊瑚礁的受益者之一，比如，珊瑚礁能够提供丰富的渔业和旅游等资源，保护人类免受外海海浪的不利影响以及其具有独特的美学价值（图 1）。

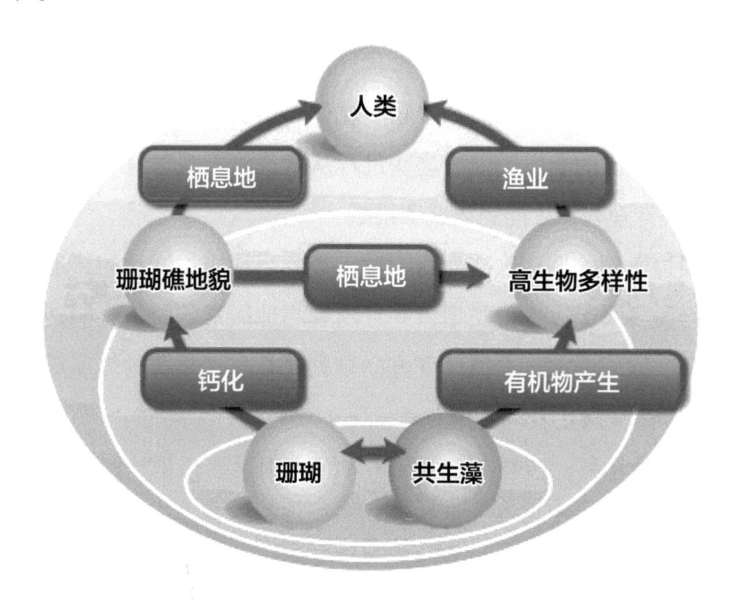

图 1　珊瑚－藻共生体、珊瑚礁与人类的多尺度共生系统

然而，在过去的几十年，当地乃至全球人类活动导致珊瑚礁共生系统不断退化。这些活动主要包括：填海工程和水道疏浚对珊瑚礁的直接破坏；陆源泥沙和营养物等导致的珊瑚礁生态系统退化；升温带来的珊瑚白化以及海平面升高致使礁体被淹没等因素均威胁着珊瑚礁生态系统的健康（图 2）。

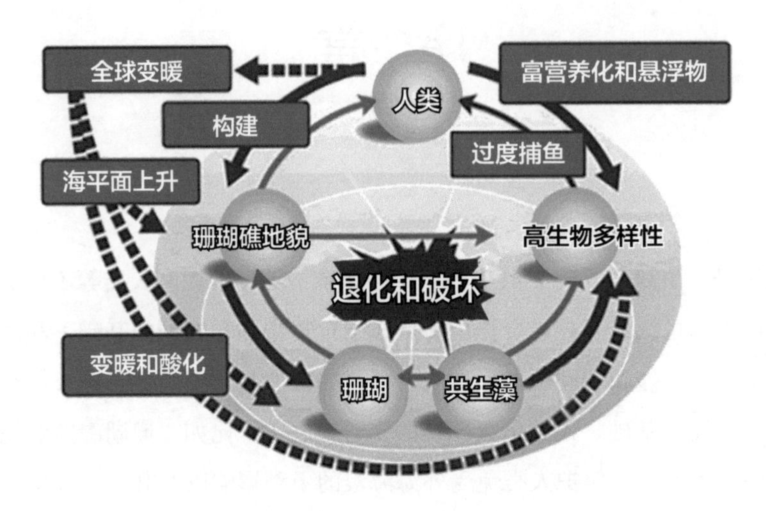

图 2　全球和局部环境压力导致珊瑚礁共生系统的退化

为使这个有价值的生态系统得以世世代代传承和发展，需要全面充分地理解维持这种生态系统的共生关系以及面对生物、化学、物理、地质、工程和历史过程等不同层次压力源所做出的响应。因为这些过程从微观到宏观都具有多样化特点，需要综合多学科门类专业知识才能完成这项挑战。

日本及其周边海域的珊瑚礁在面对全球人类和当地居民活动的胁迫时反应最为显著，因为它们大多属于边缘礁类型，并且随着当地因素的胁迫影响，逐渐发育为紧靠陆地的岸礁。珊瑚礁在日本沿纬度方向排列，并呈现显著的纬度梯度，其中大部分对全球变暖和海洋酸化表现敏感。

为了综合不同的学科，1997 年成立了日本珊瑚礁学会，并于 2004 年在冲绳主办了第十届国际珊瑚礁学术报告会。虽然建立了珊瑚礁学科平台，但各学科中的研究方法仍然没有一体化。因此，从 2008 年到 2012 年相继推出了“珊瑚礁科学：多重压力胁迫下人类与珊瑚礁生态系统共生共存策略”，并得到了日本教育、文化、体育、科学和技术等相关部门的资助。

珊瑚礁科学旨在阐明这个复杂的系统，并为重建人类与珊瑚礁共存的共生系统提供科学基础。该交叉学科团队由 3 个研究领域共计 65 名研究者组成，分成六支项目团队调查了珊瑚礁的过去、现状和未来。其中，团队 A01 和 A02 主要研究珊瑚礁生物学和生态学的基本过程，团队 B01 和 B02 从地质学和人类学的视角研究重建珊瑚礁的历史变迁，团队 C01 和 C02 采用系统的方法研究珊瑚礁应对整体或局部胁迫条件做出的反应。团队成员的学科虽然多样，但是集中讨论了珊瑚礁应对当地居民活动和全球压力条件的共同问题，并试图提出解决方案。

在总结本项目调查的专著中，每支团队均在相应章节介绍了项目的研究成果。相比之前，我们更好地理解了珊瑚礁对当地居民活动和全球压力条件做出的反应，甚至得到了预测这些反应的工具和手段。虽然对于如何维持珊瑚礁健康的实质性计划的建议并没有获得突破性进展，但是由于珊瑚礁的退化一直在持续，甚至在项目过程中也没有停止，因此我们的研究迫在眉睫。

A01　珊瑚 – 虫黄藻共生系统对复合压力的反应（第 1 章）

本部分的主要内容是珊瑚 – 虫黄藻共生系统对复合压力做出的反应。通过调查发现：（1）在压力条件下，共生虫黄藻成为珊瑚宿主的一种负担；（2）共生虫黄藻的类型影响珊瑚幼体的应激反应；（3）珊瑚和共生虫黄藻的基因表达变化具有压力特异性。另外，调查发现群体形态和宿主基因型也影响珊瑚的应激敏感性，还分析了冲绳珊瑚死亡的原因、补充率的变化及种群的动态。

A02　生物地球化学循环和珊瑚礁生态系统间的联系（第 2 章）

本部分主要研究珊瑚中的微生态系统动态。本团队采用了由珊瑚和共生虫黄藻组成并与微生物（细菌、真菌和蓝细菌）相联系的“珊瑚共生功能体”微型传感器研究方法，研究发现：30℃是珊瑚白化和光合效率降低 50% 的临界温度；随着致病菌的增加，珊瑚热白化进程加速；珊瑚礁的初级生产力比之前认为的高；珊瑚水螅体的新陈代谢处于一个半封闭环境中。

B01　珊瑚礁的历史变迁和它们面对的压力因素（第 3 章）

根据日本石垣岛的历史地图、航空照片和卫星图像，发现轰河流域土地开发引起沉积物排放量增加，从而造成了该区域珊瑚覆盖率减少。通过分析每年收集的靠近河口地区的珊瑚，发现随着沉积物排放量的增加，珊瑚钙化作用减弱。

B02　人类社会和珊瑚礁间交互作用的地形史（第 4、第 5、第 6 章）

现在的地形是自然和人类长期交互作用的结果，结合地质考古学、体质人类学、历史人类学和文化人类学，观察并阐明了八重山群岛的海洋环礁（所谓的低岛屿）和石垣岛（一个高岛屿）的整体地形史，从时间方面讨论并阐明了从过去到现在居住者与珊瑚礁之间的各种关联。为了迎接目前居民在未来与珊瑚礁共存时保障共同利益遇到的各种挑战，研究团队充分利用学术成果，积极举办外联活动。

C01　珊瑚礁对全球变暖的反应（第7章）

本团队调查了珊瑚礁对温度升高、海洋酸化和海平面上升的反应，评估了珊瑚礁群落及其生态系统的规模。研究发现，每隔几年都会发生由高温引起的白化，从而导致珊瑚礁开始退化。白化和酸化带来的影响因物种而不同，仅有少数物种对海平面上升做出反应。本团队曾猜想造礁石珊瑚可能向大型藻转型，但研究发现了海洋酸化导致造礁石珊瑚转型成软珊瑚的实例。

C02　综合评估和预测多重压力，模拟分析珊瑚礁系统的反应（第8章）

随着各种相关实地调查的进行，综合模型系统得以发展，并被用来评估珊瑚礁生态系统面临多重环境压力的增殖过程，定量描述珊瑚礁中的碳酸盐系统动力学、有机物和营养动力学。此外，“珊瑚水螅体模型”作为多重环境压力下珊瑚礁生态系统最关键和新颖的模型之一，在研究过程中顺利发展。本研究还分析了陆地环境负荷的过程与当地社会经济层面的关系，对于建立有效的人为环境压力管理方案至关重要。

茅根创（Hajime Kayanne）

日本，东京

译者序

本书是一部从科学、技术和人文角度介绍珊瑚礁生态系统的科普书籍，也是一部探讨全球气候变化背景下珊瑚礁生态系统如何与人类社会和谐共生的著作。本书由东京大学地球与行星学院的茅根创教授所著。本着尊重原文的原则，我们对作者的论点进行了充分理解和翻译，力求准确传达出茅根创教授对珊瑚礁生态系统的过去、现在和未来的深入思考。

全书共由 8 个章节组成，分别介绍了造礁石珊瑚的生活史和应激反应、珊瑚礁生态系统在微尺度纳米级的化学和生物学特性、基于遥感和珊瑚年度带数据的珊瑚礁及集水区土地利用变化情况、琉球岛弧珊瑚及其地形史、基于灰泥生产的冲绳石垣岛珊瑚传统用途和认知、石垣岛珊瑚的保护与地形史、珊瑚礁应对全球变暖的生理机制以及大气中活性氮沉积形成的区域尺度富营养化对珊瑚礁生态系统的影响。本书借助详实的数据、鲜活的例证和生动的笔触介绍了日本周边海域珊瑚礁生态系统的历史变迁、生境现状和面临的挑战，展现了珊瑚礁生态系统在自然生态系统演化和人类社会发展过程中扮演的重要角色，探讨了多重压力条件下珊瑚礁生态系统与人类共存共生的策略，是一部兼具科学精神和人文精神的佳作。

选择翻译此书，有很多考虑。首先，研究珊瑚礁生态系统意义重大。珊瑚礁生态系统是海洋生态系统的重要组成部分，深入研究珊瑚礁生态系统是开展有效保护和修复的前提。其次，我国珊瑚礁相关书籍兼顾专业性和科普性的较少，严重制约了我国珊瑚礁科学知识的传播和普及。最后，我国研究珊瑚礁生物学的专业人才极少，与我国广阔的海疆和丰富的珊瑚礁资源严重不匹配。究其原因，与我国珊瑚礁生物学领域起步较晚、对其重视程度不足等因素有关。因此，希望通过翻译《Coral Reef Science》一书，为读者们提供一个了解珊瑚礁生态系统的途径，同时，对我国培养从事珊瑚礁生态系统规划、管理、保护和可持续开发利用的专业人才具有一定的促进作用。

本书在编译过程中得到了海南大学海洋科学系崔立成、王家璇和曹喆同学的大力支持，对此表示衷心感谢！

由于译者水平有限，文中用词如有不妥和纰漏之处，恳请读者批评雅正！

周　智

2022 年 1 月 12 日

目 录

第 1 章　造礁石珊瑚的生活史和应激反应……1

1.1　珊瑚共生关系和生活史……1
1.1.1　刺胞动物的生活史：水螅体和水母体……1
1.1.2　珊瑚的主体结构……2
1.1.3　珊瑚的生活史特征……3
1.2　珊瑚与虫黄藻的共生关系……12
1.2.1　虫黄藻的多样性……12
1.2.2　珊瑚宿主和虫黄藻共生关系的多样性……15
1.2.3　环境中虫黄藻的组成……19
1.3　珊瑚白化与细胞凋亡……19
1.3.1　胁迫条件下共生虫黄藻成为珊瑚宿主的负担……20
1.3.2　热胁迫的靶点和热敏感性的决定因素……24
1.3.3　珊瑚－虫黄藻共生体的胁迫防御机制……26
1.3.4　珊瑚－虫黄藻共生体对环境变化的适应性……28
1.4　珊瑚－虫黄藻共生体在基因水平上的胁迫响应……29
1.4.1　环境胁迫的特异性生物标记……30
1.4.2　刺胞动物与虫黄藻共生关系的相关基因……31
参考文献……32

第 2 章　微 / 纳米尺度下珊瑚礁生态系统的化学和生物学特性：多重协同胁迫作用……45

2.1　基于色素分析的珊瑚白化机制研究……45
2.1.1　色素分析概述……45

2.1.2 共生虫黄藻的降解……46
2.1.3 环烯醇导致皱缩虫黄藻的形成……50
2.1.4 环烯醇避免氧化压力的生理机制……54
2.2 表孔珊瑚在热应力和致病菌协同作用下白化研究……55
2.2.1 珊瑚白化类型概述……55
2.2.2 细菌菌株的培育……56
2.2.3 细菌对珊瑚的影响及其在珊瑚代谢中的作用……57
2.2.4 热胁迫和病原体协同作用下珊瑚的白化机制……60
2.3 鹿角杯形珊瑚在高温胁迫和硝酸盐富集协同作用下的白化机制……61
2.3.1 高温胁迫和营养盐富集概述……61
2.3.2 珊瑚应对高温胁迫和硝酸盐富集的实验设计……63
2.3.3 高温胁迫下硝酸盐富集对珊瑚的生理影响……63
2.3.4 高温高硝酸盐胁迫珊瑚的生理机制……66
2.3.5 恢复期珊瑚的生理机制……67
致谢……69
参考文献……69

第3章 基于遥感和珊瑚年度带数据的土地利用与珊瑚礁变化研究……76

3.1 遥感和珊瑚年度带数据工作概述……76
3.2 珊瑚礁状况及土地利用现状……77
3.3 土地利用类型和珊瑚岩心年龄模型分析……79
3.3.1 利用遥感技术分析土地利用类型……79
3.3.2 构建岩芯年龄模型……79
3.4 重新评估珊瑚礁种类及其分布……80
3.5 珊瑚礁变化轨迹与土地利用关系……80
3.6 珊瑚礁和土地利用变化的关系及意义……82
致谢……83
参考文献……84

第 4 章　琉球岛弧珊瑚及其地形史研究 …… 88

4.1　地形史研究概述 …… 88
4.2　琉球岛弧岛屿化的长期环境历史 …… 89
4.3　最后一次冰河期的岛屿地形及珊瑚生长 …… 90
4.4　晚更新世人类生活的自然环境 …… 91
4.5　连接晚更新世与全新世的珊瑚研究 …… 92
4.6　全新世晚期人为因素造成地形变化的可能性 …… 94
4.7　总结及后两章节简介 …… 96
参考文献 …… 97

第 5 章　灰泥的生产：传统用途及冲绳石垣岛珊瑚的研究 …… 101

5.1　石垣岛及珊瑚保护概述 …… 101
5.2　冲绳县的灰泥产业史 …… 103
5.3　石垣岛泥水匠的故事 …… 106
5.4　珊瑚礁生态保护及其启示 …… 109
参考文献 …… 110

第 6 章　生态旅游：石垣岛珊瑚保护与地形史研究的应用分析 …… 112

6.1　石垣岛生态旅游概述 …… 112
6.2　“岛民”和“外来人”的环保意识 …… 113
6.3　与自然和谐的必需技能和生态知识 …… 115
6.4　当地居民的实践与地形史学术成果之间的可能联系 …… 119
致谢 …… 122
参考文献 …… 122

第 7 章　全球变暖下的珊瑚礁生态系统 ······ 123

7.1 “+2℃世界”中的珊瑚礁 ······ 123
7.2 全球变暖 ······ 126
7.2.1 珊瑚白化的温度阈值 ······ 126
7.2.2 珊瑚分布区域向两极的扩张 ······ 129
7.3 海洋酸化及珊瑚生理机制 ······ 130
7.4 海平面升高 ······ 132
7.4.1 珊瑚礁顶应对海平面上升的机理 ······ 132
7.4.2 环礁应对海平面上升的机制 ······ 133
7.5 “+2℃世界”中的珊瑚礁治理和保护 ······ 135
7.5.1 珊瑚礁的未来 ······ 135
7.5.2 珊瑚应对全球变暖的反馈回路 ······ 137
7.5.3 珊瑚礁的管理和保护 ······ 138
参考文献 ······ 139

第 8 章　大气活性氮沉降形成的区域尺度富营养化对珊瑚礁生态系统的影响 ······ 145

参考文献 ······ 153

第 1 章　造礁石珊瑚的生活史和应激反应

日高道雄（Michio Hidaka）

造礁石珊瑚重要的生活史特征包括与虫黄藻（甲藻）的共生、快速的无性增殖和旺盛的再生能力。本章主要介绍了造礁石珊瑚的生活史及其与虫黄藻的共生关系，并进一步讨论了面对环境胁迫时珊瑚－虫黄藻共生体的潜在协同防御及适应机制。虽然珊瑚能与多种类型的虫黄藻共生，但绝大多数珊瑚中都是由某一类型的虫黄藻占主导。当珊瑚从白化状态恢复健康时，原有虫黄藻通常重新回到珊瑚体内，这表明珊瑚宿主和虫黄藻之间存在相对稳定的共生关系。部分珊瑚（如滨珊瑚属，*Porites*）拥有相对专一类型的共生虫黄藻，并具有较高的抗胁迫能力和较长的寿命，说明此类珊瑚中的细胞与共生虫黄藻会不断发生基因突变以提高共生体的环境适应性；反过来说，如果对新环境有更高适应性的个体在群落内不断增殖，就能够显著提升该群落的环境适应能力。

1.1　珊瑚共生关系和生活史

"珊瑚"是指能够分泌碳酸钙骨骼的一类刺胞动物（cnidarians）。造礁石珊瑚是与共生鞭毛藻（虫黄藻）营共生的一类珊瑚。通常来说，和不与虫黄藻共生的非造礁石珊瑚相比，造礁石珊瑚具有更快的骨骼分泌速度，因此成为珊瑚礁的主要构建者。

1.1.1　刺胞动物的生活史：水螅体和水母体

刺胞动物有水螅体（polyp）和水母体（medusa）两种主要世代。其中，水螅体附着在海底基质上，属于固着阶段，而水母体属于自由游动阶段。尽管水螅体和水母体在外形上有明显不同，但两者都是由一个带有开口（称为“口”）的膨大部分组成的。该膨大部分的表面由外胚层和内胚层两层细胞组成，中间则由胶原蛋白等一些细胞外物质构成的中胶层隔开。由于刺胞动物门仅具有外胚层和内胚层，因此又被视为二胚层动物，是最原始的后生动物。

刺胞动物门由珊瑚纲（Anthozoa）、水螅纲（Hydrozoa）、立方水母纲（Cubozoa）和钵水母纲（Scyphozoa）4 个纲组成（图 1.1）。水螅纲、立方水母纲和钵水母纲的生活史中有水螅体与水母体两个世代，这 3 个纲也被称为水母亚门（Medusozoa）。在水母亚门中，水螅体通过无性生殖形成水母体，而水母体产生配子进行有性生殖（但也有例外，如水螅），其产生的幼虫附着在底层基质上又变形成为水螅体。珊瑚纲的生活史没有水母体阶段，有性生殖是由水螅体进行的。水母亚门 3 个纲的水母体形成模式不同，水螅纲中的水母体通过水螅体侧壁出芽而形成，立方水母纲的水螅体整体变为水母体，钵水母纲的水母体则由水螅体横裂形成。

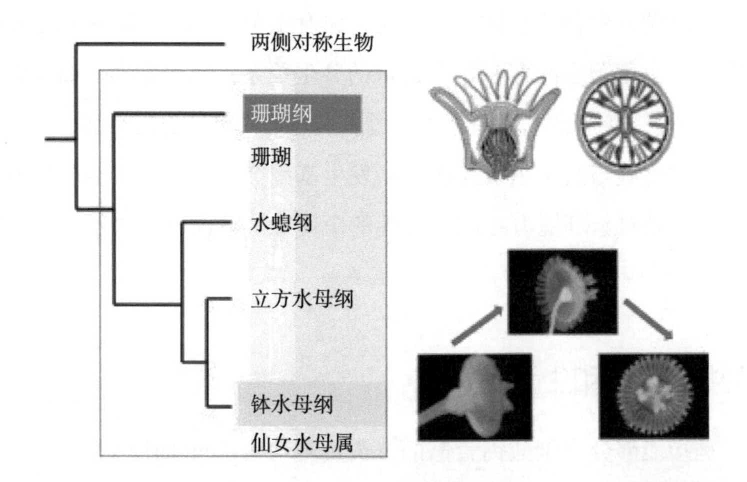

图 1.1　刺胞动物 4 个纲的系统进化关系示意图（Miller et al., 2005）。右上方：珊瑚水螅体纵切和横切示意图（Dwi Haryanti 绘）；右下方：仙女水母属（*Cassiopea*）经过单盘横裂形成水母体

1.1.2　珊瑚的主体结构

造礁石珊瑚的水螅体结构和海葵相似，在躯干一端有一膨大开口，口周围环绕着一圈触手；另一端附着在水流较缓且水质清洁区域的水草或附着物等海底基质上。大多数珊瑚是群居的，水螅体间由一种叫做共肉（coenosarc）的共同组织连接起来；

水螅体由外到内由外胚层和内胚层两层细胞组成，中间被中胶层隔开，其包裹形成的体腔为消化循环腔；群体中的每个珊瑚水螅体的消化循环腔通过共肉组织相连。水螅体口周围的体壁会分泌类似珊瑚石的骨骼结构，该结构呈水杯状，水螅体居住其内，并在共肉的基础上形成了共骨，骨骼上分布着若干个隔片（图 1.2）。

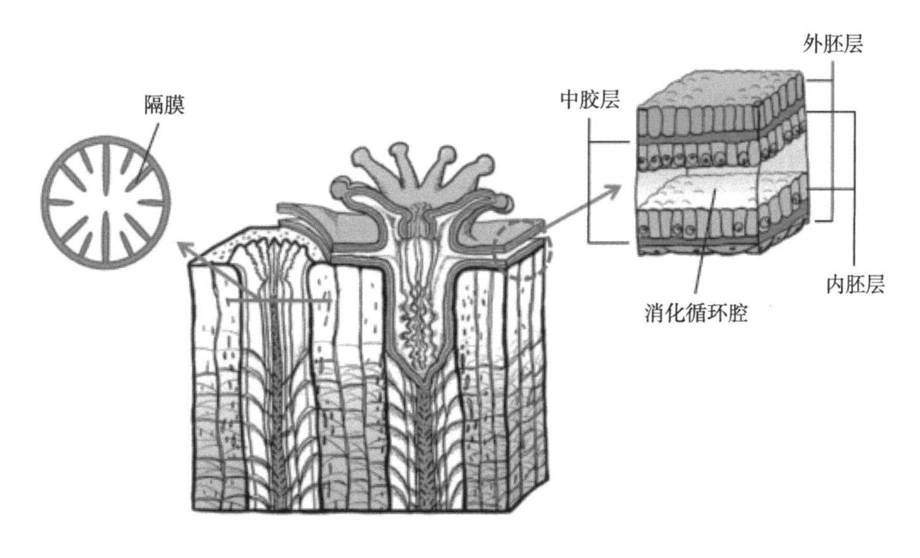

图 1.2　部分珊瑚种类的组织和骨骼结构图（Dwi Haryanti 绘）

1.1.3　珊瑚的生活史特征

本小节内容综述了近年来珊瑚生活史的研究进展，特别是珊瑚的有性和无性繁殖、共生虫黄藻的捕获、老化和生命持续的相关内容。

1.1.3.1　珊瑚性别与生殖细胞的形成

据研究，70% ~ 75% 的珊瑚为雌雄同体，剩下 25% ~ 30% 的珊瑚为雌雄异体（Harrison，2011；Kerr et al., 2011）。在雌雄同体的珊瑚中，卵母细胞和精母细胞在同一个水螅体中生长；而在雌雄异体的珊瑚中，雄性群体（在单体珊瑚中称为个体）产生精母细胞，雌性群体（或个体）产生卵母细胞。

珊瑚受精分为体外受精型（排出配子）和体内受精型（排出幼虫）两种类型（图 1.3）。其中，87% ~ 90% 的珊瑚为体外受精型，它们向海水中释放精子和（或）卵子，两者在海水中受精，形成受精卵（Harrison，2011；Kerr et al., 2011）。这种体外受精型珊瑚产生的浮浪幼虫（planula larvae）会在 24 h 内开始发育，通常 3 ~ 5 天后即可固着在基质上（Babcock and Heyward，1986）。其余 10% ~ 13% 的珊瑚则为体内受精型，即在水螅体内完成受精，并在消化循环腔内由受精卵发育成浮浪幼虫，这类珊瑚包括蜂巢珊瑚（*Favia fragum*）（Szmant-Froelich et al., 1985）、篱枝同孔珊瑚（*Isopora palifera*）（Kojis，1986）、楔形同轴珊瑚（*Isopora cuneata*）（Kojis，1986）和鹿角杯形珊瑚（*Pocillopora damicornis*）（Permata et al., 2000）。体外受精型和体内受精型珊瑚的浮浪幼虫附着到基质后，变形成水螅体。随后，第一个水螅体的鞘外组织向外生长，新的水螅体通过出芽或内触手出芽产生。因此，第一个水螅体的产生是至关重要的。

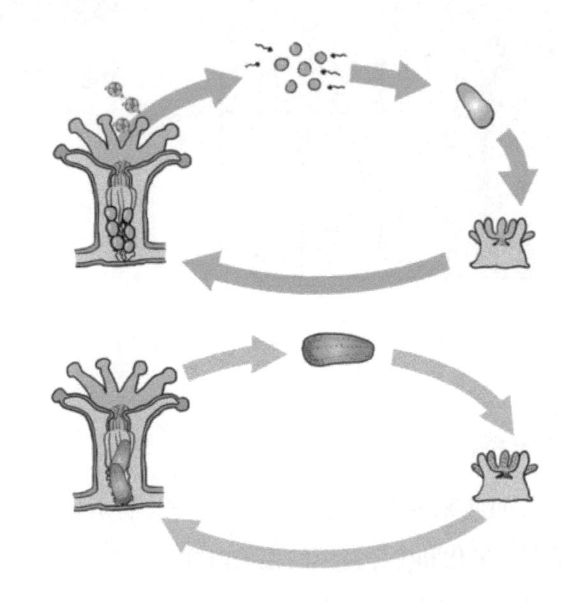

图 1.3　造礁石珊瑚的繁殖模式

上方：体外受精型珊瑚释放精卵束；下方：排幼型珊瑚释放浮浪幼虫（Dwi Haryanti 绘）

Kerr 等（2011）基于现代分子系统进化学重新构建了造礁石珊瑚的性别和繁殖模式的进化过程，认为造礁石珊瑚的祖先是雌雄异体的。雌雄同体模式在 3 个远亲谱系中独立出现，且最可能的变化途径为：雌雄异体排卵型转向雌雄异体排幼型，再转向雌雄同体排幼型，最终转为雌雄同体排卵型。

造礁石珊瑚的性腺在肠系膜（mesenteries）内或其突出区域发育（Fautin and

Mariscal，1991）。Shikina 等（2012）的研究表明，肾形真叶珊瑚（*Euphyllia ancora*）在发育早期阶段，卵母细胞进入隔膜中胶层内，最终在肠系膜内完成发育。

珊瑚生殖细胞的分化机制有待进一步研究。未来的一个研究方向可能是包含 DM 结构域的蛋白质，其对其他后生动物（如苍蝇、线虫和人类）的性别决定非常重要。Miller 等（2003）在多孔鹿角珊瑚（*Acropora millepora*）中发现了 AmDM1 基因，该基因编码含有 DM 结构域的同源蛋白，可能与珊瑚的性别分化有关。该物种生殖细胞的分化具有明显的季节性，在 10 月采集的断枝顶端的 AmDM1 表达水平高于其他月份。因此，Miller 等（2003）认为，AmDM1 可能参与了性别分化，这种分化可能发生在春季产卵前。Taguchi 等（2014）对珊瑚精子和未受精卵细胞的 DNA 进行了比较基因组学分析，发现多孔鹿角珊瑚存在性染色体。另外，Levy 等（2007）的研究发现，多孔鹿角珊瑚中隐花色素 2 基因（cryptochrome 2）在满月时表达上调，也表明了其可能对多孔鹿角珊瑚产卵时间有影响。在排幼型的蜂巢珊瑚中，隐花色素 1 和隐花色素 2 基因的表达与每月浮浪幼虫的释放并无关联，表明这些基因不参与该物种的繁殖周期与月光周期（Hoadley et al., 2011）。

Twan 等（2006）对珊瑚繁殖期间性激素的浓度变化进行了深入研究，发现肾形真叶珊瑚组织中的睾丸素、雌二醇、促性腺激素和促性腺激素释放激素的含量在繁殖期间有所增加。此外，参与从睾酮合成雌二醇的芳香酶活性在繁殖期也有所增加。这表明，性激素很有可能与珊瑚生殖细胞的成熟及产卵的起始相关，至于成熟的生殖细胞如何受环境因素调控仍有待进一步探究。

1.1.3.2 珊瑚幼体对共生虫黄藻的捕获

大多数排卵型的珊瑚会产生不含共生虫黄藻的配子，其后代在浮浪幼虫或者水螅体起始阶段必须从外界环境中捕获共生虫黄藻，这种捕获模式叫做水平传递（horizontal transmission）。蔷薇珊瑚属（*Montipora*）、滨珊瑚属和杯形珊瑚属（*Pocillopora*）排出的是含有共生虫黄藻的卵细胞（图 1.4），即在排出配子之前虫黄藻已经进入卵母细胞。大多数排幼型珊瑚释放的是含有共生虫黄藻的浮浪幼虫，其后代继承了来自母本的共生虫黄藻，这叫做垂直传递（vertical transmitters）。仅有篱枝同孔珊瑚和楔形同轴珊瑚等少数排幼型珊瑚会释放没有共生虫黄藻的幼体（Kojis，1986）。

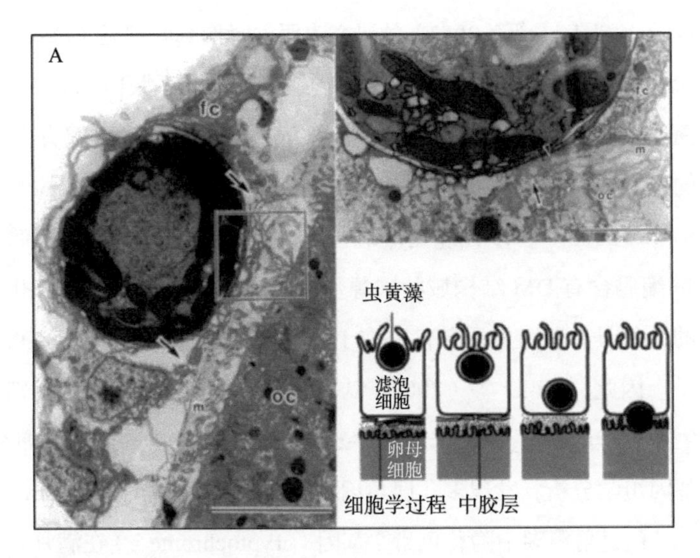

图 1.4 虫黄藻进入疣状杯形珊瑚（*Pocillopora verrucosa*）卵母细胞。虫黄藻从滤泡细胞通过中胶层的临时开放孔到达卵母细胞（Hirose et al., 2001）

1.1.3.3 珊瑚发育期间虫黄藻进入内胚层细胞的机制

在具有共生虫黄藻垂直传递模式的珊瑚物种中，随着受精卵发育成浮浪幼虫，共生虫黄藻会逐渐被限制在内胚层细胞中。此外，在不同的珊瑚中，如滨珊瑚属、蔷薇珊瑚属和杯形珊瑚属，共生虫黄藻进入内胚层细胞的时间和机制也有所不同（Hirose and Hidaka，2006）。在疣状杯形珊瑚和埃氏杯形珊瑚（*Pocillopora eydouxi*）中，共生虫黄藻位于卵母细胞的动物极，卵裂期间转移到部分卵裂球中；而在柱形滨珊瑚（*Porites cylindrical*）和指状蔷薇珊瑚（*Montipora digitata*）中，共生虫黄藻均匀分布于卵母细胞中，卵裂期间转移到所有的卵裂球中。在柱形滨珊瑚、疣状杯形珊瑚和埃氏杯形珊瑚中，含有共生虫黄藻的卵裂球在原肠胚形成过程中进入囊胚腔并分化为内胚层细胞，从而导致共生虫黄藻从原肠胚阶段开始只存在于内胚层细胞中（图 1.5）。Marlow 和 Martindale（2007）的研究发现，在多曲杯形珊瑚（*Pocillopora meandrina*）中，含有共生虫黄藻的卵裂球部分在进入囊胚期后会特异地分化为内胚层细胞；而在指状蔷薇珊瑚中，共生虫黄藻分布在囊胚的内胚层和外胚层，随着浮浪幼虫的发育，存在于外胚层的共生虫黄藻可能通过中胶层迁移到内胚层。与之相似，在排卵型的束形真叶珊瑚（*Euphyllia glabrescens*）中，共生虫黄藻主要分布在浮浪幼虫的外胚层，随着浮浪幼虫的逐渐发育，共生虫黄藻仅分布于内胚层中（Huang et al., 2008）。至于是含有共生虫黄藻的外胚层细胞整个迁移到内胚层，还是仅共生虫黄藻改变其位置从外胚层迁移到内胚层等问题还有待进一步研究。

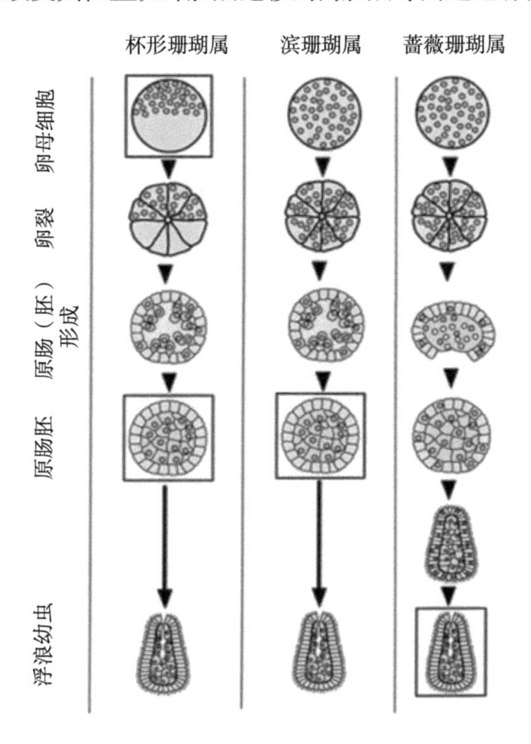

图 1.5　具有垂直传递模式的三种珊瑚的发育早期共生虫黄藻进入内胚层的过程。疣状杯形珊瑚、柱形滨珊瑚和指状蔷薇珊瑚发育期间共生虫黄藻分布模式的变化比较（Hirose and Hidaka，2006）

在共生虫黄藻水平传递的鹿角珊瑚（*Acropora* spp.）中，过去曾经认为，浮浪幼虫不能够捕获环境中的虫黄藻，该捕获过程主要发生在初始水螅体阶段（primary polyp stage）（Hirose et al., 2008a）。然而，Harii 等（2009）的研究发现，当人工接种同源（分离自同一虫黄藻株系）或异源（分离自不同虫黄藻株系）共生虫黄藻时，包括鹿角珊瑚在内的几种珊瑚的浮浪幼虫均能够捕获共生虫黄藻。例如，当柔枝鹿角珊瑚（*Acropora tenuis*）和指形鹿角珊瑚（*Acropora digitifera*）分别发育到受精后 5 天和 6 天时（图 1.6 和图 1.7），其浮浪幼虫生长出口和消化循环腔结构，此时的浮浪幼虫开始捕获虫黄藻。此外，斯库泰里蕈珊瑚（*Fungia scutaria*）的浮浪幼虫也能捕获虫黄藻并启动共生关系（Schwarz et al., 1999）。

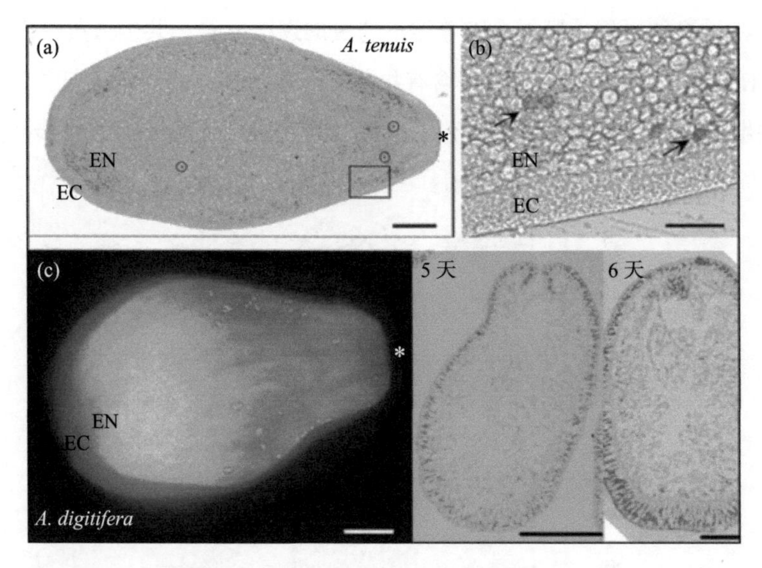

图 1.6　柔枝鹿角珊瑚和指形鹿角珊瑚的浮浪幼虫接种同源共生虫黄藻（来自同一虫黄藻株系）。在受精 5 ~ 6 天后，口和消化循环腔逐渐形成，此时浮浪幼虫开始捕获虫黄藻（Harii et al., 2009）

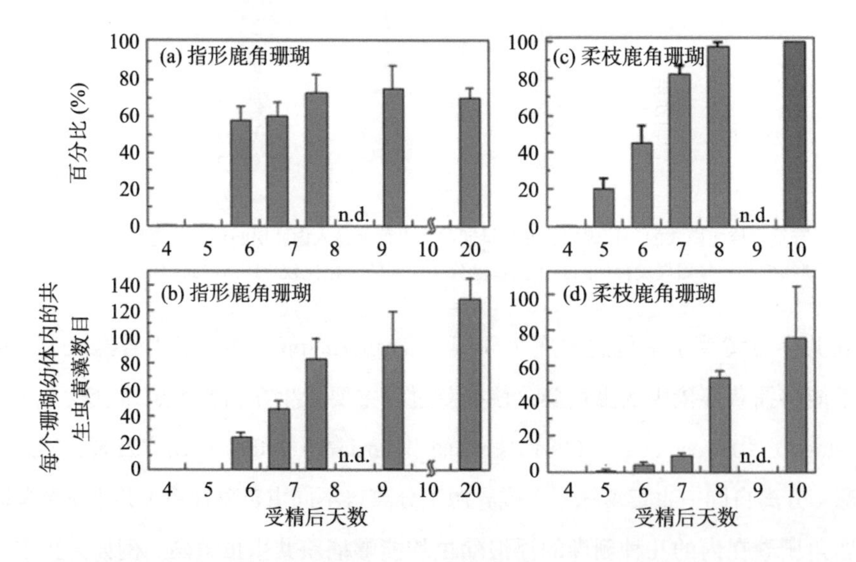

图 1.7　柔枝鹿角珊瑚和指形鹿角珊瑚浮浪幼虫的虫黄藻捕获成功率；每天捕获虫黄藻的浮浪幼虫比例及每只浮浪幼虫所含藻细胞数；在柔枝鹿角珊瑚和指形鹿角珊瑚中，浮浪幼虫分别在受精 5 天和 6 天后才开始捕获虫黄藻（Harii et al., 2009）

由于虫黄藻广泛存在于海水和沉积物中，因而可以被珊瑚幼虫捕获（Yamashita and Koike，2013）。实验证明，如果将沉积物添加到含有过滤海水和幼虫的容器中，巨锥鹿角珊瑚（*Acropora monticulosa*）的幼虫能够捕获沉积物中的虫黄藻（Adams et al., 2009）。当把柔枝鹿角珊瑚和圈纹菊珊瑚（*Favia pallida*）的浮浪幼虫放进一个带有纱布的瓶子中，然后将瓶子置于自然海洋环境中，它们均能够捕获虫黄藻（Harii et al., 尚未发表的观察结果）。

共生虫黄藻能够为浮浪幼虫提供光合作用产物，因而浮浪幼虫捕获共生虫黄藻对其自身来说是有利的（Harii et al., 2010）。然而，当浮浪幼虫生存于高温、高光照强度的表层海水环境中，共生虫黄藻就成了浮浪幼虫体内活性氧（ROS）的来源（Yakovleva et al., 2009；Nesa et al., 2012；具体见 1.3.1），从而导致氧化胁迫，进而威胁幼虫生存。如果对虫黄藻的捕获发生在初始水螅体沉降阶段之后，此时浮浪幼虫虽然缺少共生虫黄藻，但同时也避免了氧化胁迫，因而得以适应极端环境。这可能也是为什么大多数珊瑚选择共生虫黄藻水平传递的原因之一，它们的每一个后代都需要从环境中重新捕获虫黄藻。

1.1.3.4 无性繁殖、衰老和寿命

大多数珊瑚具有较强的再生能力。当珊瑚群体遭受海浪等物理作用时，很容易形成断枝。此时，断枝往往进行无性繁殖，形成新的群体，这种无性生殖模式也被称为裂殖（fragmentation）（Highsmith，1982；Smith and Hughes，1999）。大多数丛生盔形珊瑚（*Galaxea fascicularis*）群体由于其囊泡状腔骨机械性较弱，因而很容易发生断裂从而进行无性生殖（Wewenkang et al., 2007）。石芝珊瑚属（*Fungia*）和双裂珊瑚属（*Diaseris*）的单体珊瑚能通过溶解骨骼的某一部分进行无性繁殖（Yamashiro et al., 1989）。石芝珊瑚通常会在基部发生骨骼溶解，这样即使微弱的机械力也能实现片状珊瑚盘的分离，从而实现裂殖；币蕈珊瑚（*Diaseris fragilis*）个体形状为圆形，它将身体分裂成几个部分，每个部分均能再生为圆形个体。在胁迫条件下，水螅体可以去分化成为似浮浪幼虫样的水螅体球状物；脱离胁迫条件后，水螅体球状物附着在基质上，重新变形为水螅体，这种现象称作水螅体应急措施（polyp bailout），这在尖枝列孔珊瑚（*Seriatopora hystrix*）和其他一些分枝状珊瑚中有所报道（Sammarco，1982），随后变形的水螅体可以再生形成群体。研究发

现，即使是很小的珊瑚组织断枝也能够再生成水螅体（Kramarsky-Winter and Loya，1996；Vizel et al., 2011）。研究者最初认为，鹿角杯形珊瑚只能进行无性繁殖（Stoddart，1983），但后续观察发现，一部分浮浪幼虫是由受精卵发育而来的（Permata et al., 2000）。最近一项使用微卫星标记的研究表明，鹿角杯形珊瑚既产生无性生殖的浮浪幼虫又产生有性生殖的浮浪幼虫（Yeoh and Dai，2010）。

由于从源珊瑚群体通过无性繁殖产生的珊瑚群体在基因上与源群体是相同的，因而它们被认为是彼此的克隆体。综上所述，珊瑚群体一般由无性生殖产生的无性系群体和有性生殖产生的有性系群体组成。有性生殖和无性生殖对维持珊瑚群落的相对贡献引起了许多研究者的兴趣。

1.1.3.5　珊瑚的群体性和寿命

人们目前尚不清楚珊瑚群体无性世系的寿命，对珊瑚的寿命也没有很好的研究。大多数滨珊瑚群体可以生活超过数百年，其寿命一般基于群体大小、年生长率或年增长带进行估计，因而难以得到准确年龄（Hughes and Jackson，1985；Potts et al., 1985；Lough and Barnes，1997）。分枝状珊瑚的年龄判断更具挑战性，因为它们可以通过断枝进行无性繁殖。从断枝再生的群体是否与它们的源群体具有相同的年龄尚不可知。

经过一年的跟踪观察，Permata 和 Hidaka（2005）发现幼年鹿角杯形珊瑚可以通过断枝进行无性繁殖；而由成年鹿角杯形珊瑚顶端分枝断裂而再生的无性繁殖株系，其发育过程中不能形成分枝而只能呈现水平生长状态。因此，随着珊瑚年龄的增长，再生群体表现出分枝形成能力的降低或者丧失。这表明，由珊瑚断枝再生得到的群体可能和它们的源群体处于同一年龄阶段。相反，由石芝珊瑚的断枝再生而来的水螅体呈现出较强的生长活力。如果两个再生的水螅体相互接触，他们可以彼此相融（图 1.8）；而两个未受损的成年石芝珊瑚，彼此接触时却不会融合（Jokiel and Bigger，1994）；如果由一个珊瑚断枝再生出的多个水螅体之间相互接触，也可能彼此相融（图 1.8）。因此，石芝珊瑚的新生水螅体会表现出群体特征。然而，当新生水螅体形成盘状物时，两个个体盘状物的边缘不会融合（图 1.8），说明石芝珊瑚在发育（再生）的某一阶段，开始具有单体特征。这些观察到的现象表明，通过断枝的再生，部分珊瑚可以得到恢复。至于殖民性（coloniality）是不是造礁石珊瑚的原始特征，仍有待进一步研究。

图 1.8 （a）石芝珊瑚断枝分离 162 天后再生的 3 个水螅体；（b ~ d）水螅体再生接触实验，断枝来自于同一石芝珊瑚个体；（b）接触实验的起始阶段；（c，d）接触 100 天后

1.1.3.6 珊瑚年龄的估计

如果可以开发一种使用软组织样本的非破坏性方法来估算珊瑚的年龄，将为研究珊瑚种群数量统计学、衰老及其在无性繁殖过程中可能恢复活力提供强有力的支持。此外，基于测量端粒长度估计珊瑚年龄的方法也将为研究珊瑚的群体数量动态及其衰老和寿命等生活史特征提供有效的方法。

端粒是位于真核生物染色体末端的串联 DNA 重复序列。通常来说，由于双链 DNA 末端复制的不完整性，端粒在每次细胞分裂时都会缩短。因此，端粒的长度可以用来反映一些动物的年龄。珊瑚特定染色体的单链端粒长度可以用单链端粒长度分析（STELA）进行估算。Ojimi 等（2012）发现，单体棘状梳蕈珊瑚（*Ctenactis echinata*）的精子端粒长度比体细胞更长；相反地，Tsuta 和 Hidaka（2013）使用单链端粒长度分析法发现丛生盔形珊瑚的精子、浮浪幼虫和成年群体中端粒长度没有明显差异。尽管传统的末端限制性片段（TRF）分析显示精子端粒长度往往比水螅体的端粒更长，但这些差异并不显著。然而，对指形鹿角珊瑚的研究发现，其精子、浮浪幼虫和成年群体之间 TRF 的平均长度确实有显著差异，发育期间 TRF 的长度逐渐变短（Tsuta et al., 2014）。

为了更好地理解珊瑚较强再生能力和长寿的细胞学机制（如水螅体中的研究），首先必须探究珊瑚干细胞或者干细胞样细胞的分布，以及它们既能维持较高数量又可以分化为新体细胞的机制。因此，这些有关高再生能力及其细胞机制的研究将对评估珊瑚礁生态效益和生态系统的恢复效率具有重要的理论意义和实践价值。

1.2 珊瑚与虫黄藻的共生关系

1.2.1 虫黄藻的多样性

1.2.1.1 虫黄藻的分类

直至 20 世纪 80 年代中期，与有孔虫、珊瑚和双壳类动物（如砗磲）等多种海洋无脊椎动物共生的虫黄藻都被认为是同一物种，即单细胞双鞭毛藻（*Symbiodinium microadriaticum*）。Trench 和 Blank（1987）利用三维重建透射电子显微镜（TEM）观察细胞核的连续薄切片图像，确定了虫黄藻染色体的数目，并发现从 4 种不同珊瑚宿主中分离的共生虫黄藻的染色体数目不同。疣表孔珊瑚（*Montipora verrucosa*）、华丽黄海葵（*Anthopleura elegantissima*）、银莲花海葵（*Heteractis lucida*）以及仙女水母（*Cassiopea xamachana*）和朝天水母（*Cassiopea frondosa*）的共生虫黄藻的染色体数目分别为 26，50 ± 1，74 ± 2 和 97 ± 2（平均值 ± 标准偏差）。Trench 和 Blank（1987）还鉴定了 3 种新发现的虫黄藻，其中两种虫黄藻都和仙女水母建立了共生关系。然而，Udy 等（1993）指出虫黄藻细胞核内高电子密度的类染色体结构虽是由 DNA 链连接而成，但可能并不是真正意义上的染色体，而仅是染色体的一部分。到目前为止，科学家们对虫黄藻染色体的数量还没有更多的研究。但是通过电子显微镜观察发现，不同虫黄藻的核形态存在极大差异，这一特点很有可能作为辨别不同物种的依据。

自 20 世纪 90 年代初以来，科学家们根据 18S rRNA 的序列或者限制性内切酶片段长度多态性（RFLP）对虫黄藻进行分类（Rowan and Powers，1991a，1991b）。根据叶绿体内核糖体DNA（rDNA）序列的不同，虫黄藻可以分成9个系群（Pochon and Gates，2010），每个系群相当于虫黄藻进化树上的一个分支，而每个分支又由许多物种组成（LaJeunesse，2004；Correa and Baker，2009；Sampayo et al., 2009；LaJeunesse and Thornhill，2011）。综上所述，科学家们已经尝试了各种方法对虫黄藻进行分类鉴别。最初使用18S rRNA或者28S rRNA（rDNA）的RFLP，随后根据变性梯度凝胶电泳（DGGE）、单链构型多态性（SSCP）分析及rDNA区域的ITS2和ITS1序列，虫黄藻被进一步细分成各个亚系群。

八种代表性ITS2类型的C系群虫黄藻的核基因的系统进化树与细胞器基因的进化一致，表明这几种虫黄藻类型之间没有发生遗传重组。因此，至少一些ITS2序列片段可以用来指示某些虫黄藻系群，从而用来鉴定或区别虫黄藻（Sampayo et al., 2009）。随着对ITS2片段的多重开发和利用，如果认为这些ITS2序列变异可能代表着种内序列的变异，那么ITS2基因簇可能与虫黄藻物种相对应（Correa and Baker，2009）。尝试对虫黄藻进行独立标记并做进化分析，并在系群或亚系群层面进行系统发生分析，可以用来鉴定和评估每个标记序列（Pochon et al., 2012）。

1.2.1.2 珊瑚宿主内的共生虫黄藻组成

据报道，SSCP技术对微量共生虫黄藻成分的检测灵敏度约为10%（van Oppen and Gates，2007）。对于DGGE技术，不同核苷酸序列片段可以形成单一条带，从而导致对虫黄藻多样性的低估（van Oppen and Gates，2007；Apprill and Gates，2007）。珊瑚共生虫黄藻多样性鉴定的另一种方法是对共生虫黄藻的ITS1或ITS2区域序列进行大量克隆和测序。对大量的克隆进行测序是必要的，该方法能够发现低丰度系群的共生虫黄藻（Apprill and Gates，2007）。然而，低拷贝序列是否对应着低丰度的共生虫黄藻系群或存在的ITS序列变异是不确定的。由于rDNA有多个拷贝，如果rDNA序列发生变异，就会得到多个序列（van Oppen and Gates，2007）。Sampayo等（2009）认为，最常见的克隆序列与聚合酶链式反应（PCR）-DGGE方法的优势条带序列一致。但是，他们指出假基因的频繁恢复序列、罕见的功能性变异序列和伪影序列的干扰，已经超过了克隆测序序列在识别低丰度类型序列的阈值。目前，还未能建立一种理想的高通量方法来评估珊瑚宿主内的共生虫黄藻群落结构。Mieog 等（2007）使用实时荧光定量 PCR 分析 rDNA 的 ITS1 区域，与 DDGE、SSCP 和 RFLP 等传统技术相比，该技术能够以高出 100 多倍的灵敏度检测出低丰度类型。通常认为，多孔鹿角珊瑚、柔枝鹿角珊瑚、萼形柱珊瑚（*Stylophora pistillata*）和肾形盘珊瑚（*Turbinaria reniformis*）的群体只含有单一类型的共生虫黄藻；然而，除主要共生虫黄藻类型外，Mieog 等（2007）发现上述 4 种珊瑚中有 78% 的群体中含有隐蔽（次要）系群类型。由于不同系群的共生虫黄藻含有不同数量的 rDNA 拷贝，因此存在不同数量的 ITS1 区域，所以上述方法难以量化共生虫黄藻群落的实际系群比例。此后，Mieog 等（2009）使用具有一个至多个拷贝的肌动蛋白基因的内含子序列，成功量化了珊瑚群体中 C 系群和 D 系群共生虫黄藻的相对数量。在这种方法中，对肌动蛋白基因拷贝数的校正是必要的（C 系群和 D 系群分别有 1 个和 7 个拷贝）。使用实时荧光定量 PCR 和特异性虫黄藻引物，在珊瑚宿主中检测到隐蔽 D 系群的共生虫黄藻，这些共生虫黄藻曾被认为与 D 系群之外的某单一虫黄藻系群相关（Correa et al., 2009；Silverstein et al., 2012）；在校正 rDNA 基因拷贝数、DNA 质量和（或）单个定量 PCR 反应效率的差异后，估计了 D 系群相对于其他系群的真实丰度。

通过使用细菌克隆和 DNA 测序的方法，Stat 等（2011）发现了夏威夷卡内奥赫湾的表孔珊瑚（*Montipora capitata*）群体中共生虫黄藻的 ITS2 序列多样性，这可能代表珊瑚中共生虫黄藻的物种多样性，也可能代表单个共生虫黄藻的基因组中存在变异。LaJeunesse 和 Thornhill（2011）利用色素体 psbA 微环的非编码区（$psbA^{ncr}$）序列分析了蔷薇珊瑚群体中共生虫黄藻的多样性。$psbA^{ncr}$ 作为一个快速进化的标记序列，具有变异低的特点。通过直接测序，大多数样品中都可以恢复出一个单一的 $psbA^{ncr}$ 单倍型，再基于 $psbA^{ncr}$ 序列差异，在系统发育上将相同 ITS2 类型的成员与其他 ITS2 类型区分开来。上述研究结果均表明，大多数珊瑚中有一个占主导地位的共生虫黄藻类型。

研究过程中还发现一个相当有趣的现象，即在同一虫黄藻基因组中同时存在属于不同 rDNA 进化分支的代表序列。在同一虫黄藻细胞中大多数 ITS1 基因之间一般只有 2 ~ 8 个碱基的替换及一些小的插入和缺失突变；然而 Oppen 和 Gates 研究发现（尚未发表），从柔枝鹿角珊瑚和多孔鹿角珊瑚的一些共生虫黄藻中扩增得到的

ITS1 基因在进化上被归到不同系群中（D 系群或 C 系群）。同样地，Gates 等（尚未发表数据）在拂尘海葵（*Aiptasia pulchella*）中分离的单一共生虫黄藻中观察到了典型的 B 系群、C 系群、E 系群的 ITS 基因序列。

最近，科学家们尝试用新一代测序仪确定珊瑚宿主体内共生虫黄藻的群落结构，并全面获得了 ITS2 基因序列，且从单克隆培养的共生虫黄藻中获得了不同系群的 ITS2 基因序列。上述测序方法得到的实验结果也可能受到 ITS2 序列基因组变异的干扰。

1.2.2 珊瑚宿主和虫黄藻共生关系的多样性

1.2.2.1 白化期间和白化后共生关系的变化

Baker 等（2004）的研究发现，肯尼亚、波斯湾和巴拿马的珊瑚礁白化严重，许多珊瑚的白化与 D 系群共生虫黄藻紧密联系。毛里求斯和红海的珊瑚在 1997—2002 年间没有出现严重的白化现象，这两个地区的大多数珊瑚分别与 C 系群虫黄藻、C 系群以及 A 系群虫黄藻一起建立共生关系。巴拿马海域的珊瑚白化后，与 D 系群虫黄藻共生的珊瑚占比增加（Baker et al., 2004）。当一些珊瑚从深海移植到浅海后，共生虫黄藻的系群结构也随环境条件的转变而发生改变（Baker，2001）。事实上，在高温下鹿角杯形珊瑚中 D 系群共生虫黄藻的光合作用效率比 C 系群高，表明 D 系群虫黄藻比 C 系群虫黄藻具有更高的高温耐受性（Rowan，2004）。这些结果表明，在珊瑚从白化中恢复时，它们可以将共生虫黄藻的类型从高温敏感型转变为高温耐受型，从而适应全球气候变暖。共生虫黄藻系群结构的改变主要包含以下两个方面：非常适应新环境的隐蔽（次要）系群共生虫黄藻的大量增殖（改组）以及耐受型外源虫黄藻的捕获（转换）。至于该转变为暂时的共生组合，后期再随环境条件的恢复而恢复，还是形成了一个稳定的新共生组合，目前仍存在争议，有待进一步研究。

近年有研究表明，珊瑚白化导致的共生虫黄藻群落结构变化是不稳定的，从白化中恢复之后，珊瑚往往与白化前原有的共生虫黄藻重新建立共生关系（Thornhill et al., 2005；Sampayo et al., 2008；Stat et al., 2009；LaJeunesse et al., 2010；McGinley et al., 2012）。在绝大多数情况下，外源虫黄藻与珊瑚的共生只能维持一段时间，随着原有共生虫黄藻的增殖，珊瑚也逐渐从白化中恢复（Coffroth et al., 2010）。对巴哈马和佛罗里达群岛的 6 个珊瑚群落的多年原位季节性重复取样和分析发现，共生虫黄藻的主要类型几乎不发生变化（Thornhill et al., 2005）；在佛罗里达群岛的一些大石星珊瑚（*Montastrea annularis*）和丘星珊瑚（*Montastrea franksi*）群落中，常发现D系群共生虫黄藻逐步被其他系群取代，表明在珊瑚白化期间D系群共生虫黄藻的捕获或者增殖是暂时性行为，白化恢复后便回归共生虫黄藻的原有群落结构。大堡礁（Great Barrier Reef，GBR）南部的萼形柱珊瑚与C系群中4种亚型虫黄藻建立共生关系。其中有两种（C79和C35/a）属于高温敏感型，与这两种亚系群共生的珊瑚群落在2006年期间发生白化；虽然在这些珊瑚的白化过程中发现了新的共生虫黄藻系群，但随着白化的恢复，原有的C79和C35/a亚系群虫黄藻会重新与珊瑚建立共生关系。对随机抽样的珊瑚进行共生虫黄藻基因型检测，发现珊瑚群落中共生虫黄藻基因型的组成似乎发生了变化：C79和C35/a敏感型亚系群共生虫黄藻比例降低，而另外两种耐受型亚系群虫黄藻比例增加。然而，如果对同一珊瑚进行多次的共生虫黄藻基因型组成检测，就会造成与胁迫敏感型虫黄藻共生的珊瑚细胞白化死亡，因此，珊瑚敏感性的不同是造成共生虫黄藻基因型组成改变的原因（Sampayo et al., 2008）。

在2002年大堡礁的珊瑚热白化事件前后，Stat等（2009）调查了10种珊瑚（5种共生虫黄藻水平传递和5种共生虫黄藻垂直传递）中的虫黄藻系群结构。结果表明，白化事件期间及之后，共生虫黄藻的优势系群并未发生改变。观察其中7种珊瑚的白化现象之后发现，当它们从白化中恢复后仍保留有最初的共生虫黄藻亚系群；同一种珊瑚有时可与不同亚系群的虫黄藻建立共生关系，而在白化恢复后共生虫黄藻的系群结构并未发生改变。在这些珊瑚中，尽管白化期间有时会暂时出现新的共生虫黄藻系群，但当珊瑚从白化中恢复时，它们总是能与最初的共生虫黄藻系群重新建立共生关系。因此，在造礁石珊瑚体内共生虫黄藻系群结构的迁移和转换可能不像之前认为的那样普遍（Baker，2001；Baker et al., 2004）。

1.2.2.2 共生虫黄藻的灵活性和压力耐受性

即使是亲缘关系很近的珊瑚物种，其与虫黄藻的共生关系也可能呈现出不同的特异性。同域分布的叉状雀屏珊瑚（*Pavona divaricate*）和十字牡丹珊瑚（*Pavona decussate*）在共生虫黄藻的特异性方面表现出显著差异（Suwa et al., 2008）。其中，叉状雀屏珊瑚可与C系群虫黄藻和D系群虫黄藻共生，且系群结构通常呈现季节性变化，而十字牡丹珊瑚全年都只与C系群虫黄藻共生。因而，叉状雀屏珊瑚在与虫黄藻系群共生中具有较高的灵活性，与十字牡丹珊瑚相比更能抵御季节性的环境变化，而十字牡丹珊瑚则在与虫黄藻系群共生中表现出高度保守性（Suwa et al., 2008）。这一结果表明，共生虫黄藻系群的灵活选择与保守选择均在珊瑚的环境耐受性中起着重要作用。Silverstein等（2012）研究发现，与多种虫黄藻系群建立共生关系的能力在石珊瑚中普遍存在。McGinley等（2012）发现，在东太平洋的杯形珊瑚中，有一种特殊的共生虫黄藻（C1b-c或者D1）长期占据主导地位并能与珊瑚保持稳定的共生关系；同时，对低丰度共生虫黄藻系群的观察发现，各种虫黄藻系群在杯形珊瑚中高频交替转换，该现象表明，隐蔽（次要）系群在珊瑚中的增殖会受到主要系群的抑制。

通常认为，共生虫黄藻系群的灵活性可以增强珊瑚宿主的环境适应能力。然而，鹿角珊瑚和杯形珊瑚虽然都具有较高的共生虫黄藻系群灵活性，但与共生虫黄藻系群高度单一保守的滨珊瑚相比，其对环境胁迫更为敏感（Putnam et al., 2012）。由于全球变暖导致的环境变化过于快速，具有高度共生灵活性的珊瑚无法通过捕获新的虫黄藻系群或及时调整现有共生虫黄藻系群来适应新环境（Putnam et al., 2012），而共生虫黄藻类型单一保守的长寿珊瑚（如滨珊瑚属）可能通过其他机制来适应环境的变化（见1.3.4小节）。

1.2.2.3 发育期间共生虫黄藻的组成变化

珊瑚浮浪幼虫或者幼体可与多种系群的虫黄藻建立共生关系，而成体对虫黄藻系群的选择更具专一性，通常只与单一或者少数几种虫黄藻系群建立共生关系。如果将还未建立共生关系的柔枝鹿角珊瑚的初始水螅体移植到珊瑚礁上，它们会获得C系群和（或）D系群的共生虫黄藻，而成体则主要与C系群虫黄藻共生（Little et al., 2004）。将柔枝鹿角珊瑚和多孔鹿角珊瑚的幼体移植到C系群虫黄藻占主导的珊瑚礁上，这些幼体将主要与D系群虫黄藻建立共生关系；幼体通常表现出对共生虫黄藻系群的低特异性或低选择性，并主要与在成体所含共生虫黄藻之外的系群建立共生关系，且呈现出一个较高的感染效率（Abrego et al., 2009a）。

如果将已与C系群或D系群虫黄藻形成共生关系的幼体移植到珊瑚礁上，它们将不能再从环境中获得新的虫黄藻系群。Abrego等（2009b）发现柔枝鹿角珊瑚的幼体大约需要 3.5 年才能与成年珊瑚中所含共生虫黄藻的同源株系建立共生关系，而多孔鹿角珊瑚的幼体在 3.5 年中都不会改变其共生的虫黄藻系群。该结果表明，这些亲缘关系相近的鹿角珊瑚物种与虫黄藻建立稳定共生关系所需的时长不同。对此，一种有趣的假说是：一旦珊瑚幼体与某种系群的虫黄藻建立共生关系，它们将对其他系群虫黄藻产生免疫耐受性，从而丧失与其他系群虫黄藻建立共生关系的能力。虽然珊瑚的固有免疫系统不太可能表现出免疫耐受性，但成年群体中共生虫黄藻的特异性是否仅仅是虫黄藻之间的相对适应或竞争的结果，或是否涉及某些宿主耐受机制，仍需进一步研究。

垂直传递的珊瑚继承了来自母本的共生虫黄藻，而它们是否只含有来自亲本的共生虫黄藻，还是也可以从环境中捕获新的虫黄藻，目前仍不清楚。LaJeunesse 等（2004）探索了大堡礁和冲绳地区不同珊瑚宿主的共生虫黄藻系群组成，发现滨珊瑚和蔷薇珊瑚通过垂直传递分别与 C15 亚系群和 C21 亚系群虫黄藻建立共生关系；而在某些特殊区域的滨珊瑚和蔷薇珊瑚在与虫黄藻建立共生关系的时候，表现出与母体共生虫黄藻系群的差异性。这些发现表明，在某些特殊区域的共生虫黄藻和这些垂直传递的珊瑚共同进化。

垂直传递的珊瑚可能也像水平传递的珊瑚一样，可以从环境中捕获新的共生虫黄藻系群。Padilla-Gamiño 等（2012）发现，孵化中的表孔珊瑚受精卵中虫黄藻 ITS2 序列的组成总体上与其亲本相似；但有的时候，卵细胞中含有的虫黄藻系群又不同于亲本。共生虫黄藻 ITS2 序列在卵细胞及其亲本中的差异可能是由亲本控制的（即亲本的共生虫黄藻系群优先转移到卵细胞中），或者与可繁殖水螅体内的虫黄藻系群的随机感染有关，不同水螅体的微环境存在差异，因此所含虫黄藻系群也不同；第三种可能性是卵细胞暂时获得存在于亲本消化循环腔内的虫黄藻。同样地，孵育中的萼形柱珊瑚幼体可能同时采用垂直传递和水平传递两种策略捕获共生虫黄藻（Byler et al., 2013）。在浅海中，成年萼形柱珊瑚和浮浪幼虫与 A 系群虫黄藻共生；当浮浪幼虫迁入深海，其便可与环境中的 C 系群虫黄藻共生。在深海中，成年萼形柱珊瑚中 C 系群共生虫黄藻占主体，同时也含有少量的 A 系群共生虫黄藻，而浮浪幼虫则仅继承 C 系群共生虫黄藻。当这些浮浪幼虫迁入浅海后，便可与 A 系群虫黄藻共生从而得以存活（Byler et al., 2013）。

1.2.3 环境中虫黄藻的组成

如果将尚未形成共生关系的幼年珊瑚或者无脊椎动物宿主移植到珊瑚礁中，它们就会获得共生虫黄藻（Kinzie et al., 2001），这表明，幼年珊瑚和无脊椎动物宿主可以在珊瑚礁环境内捕获共生鞭毛藻类。从冲绳珊瑚礁底部沉积物中分离的虫黄藻都属于 A 系群，而它们究竟是非共生的还是共生的尚不清楚（Hirose et al., 2008b）。从夏威夷和加勒比海地区海水中分离的虫黄藻分别属于 C 系群和 B 系群（Manning and Gates，2008）。虽然从海水中分离的虫黄藻反映了该地区与珊瑚共生的虫黄藻类型，但从海水中分离的虫黄藻与同一区域珊瑚宿主（柱形滨珊瑚、表孔珊瑚和鹿角杯形珊瑚）的共生虫黄藻在亚系群分类上并不相同（Pochon et al., 2010），表明在这些垂直传递的珊瑚中，极少出现新系群共生虫黄藻的引入，且共生虫黄藻系群的转换也很少发生。此外，从这些珊瑚中逃逸的虫黄藻很可能在海水中无法长期存活。

Yamashita 和 Koike（2013）发现，绝大多数从日本滨海（主要为冲绳、长崎和高知县）环境海水中分离的虫黄藻独立进化成了 A 系群中一个单独亚支。28S rDNA 的系统发育和观察结果表明，研究者们发现，“浮游物种”（symbiodinium natans）（Hansen and Daugbjerg，2009；Yamashita and Koike，2013）的形成很可能与环境隔离有关。Yamashita 和 Koike（2013）认为，环境虫黄藻可以分为两类，一类可以完全独立地自由生活；另一类可能是被宿主驱逐从而暂时营自由生活。

1.3 珊瑚白化与细胞凋亡

一般来说，热带生物对高温、强光和紫外线（UV）辐射等环境胁迫具有较强的耐受性，然而珊瑚 - 虫黄藻共生体对环境胁迫十分敏感（Baird et al., 2009）。一旦海水温度超过夏季最高温度 1 ~ 2℃，珊瑚就将趋于白化，即珊瑚与虫黄藻的共生关系遭到破坏。如果白化持续时间较长，珊瑚可能死于营养不足；在珊瑚白化和恢复过程中，捕食能力强的珊瑚可能对白化更具抵抗力（Grottoli et al., 2006）。在强光条件下，受到光损伤的共生虫黄藻会产生大量 ROS，因此可能会成为珊瑚宿主的负担。由此产生的细胞氧化压力会导致珊瑚宿主的蛋白质降解、脂质过氧化和 DNA 损伤，而氧化损伤会进一步造成细胞代谢功能紊乱，抑制细胞增殖，最终导致珊瑚死亡（Baird et al., 2009），如图 1.9。因此，了解共生虫黄藻在珊瑚白化过程中的作用是必不可少的。

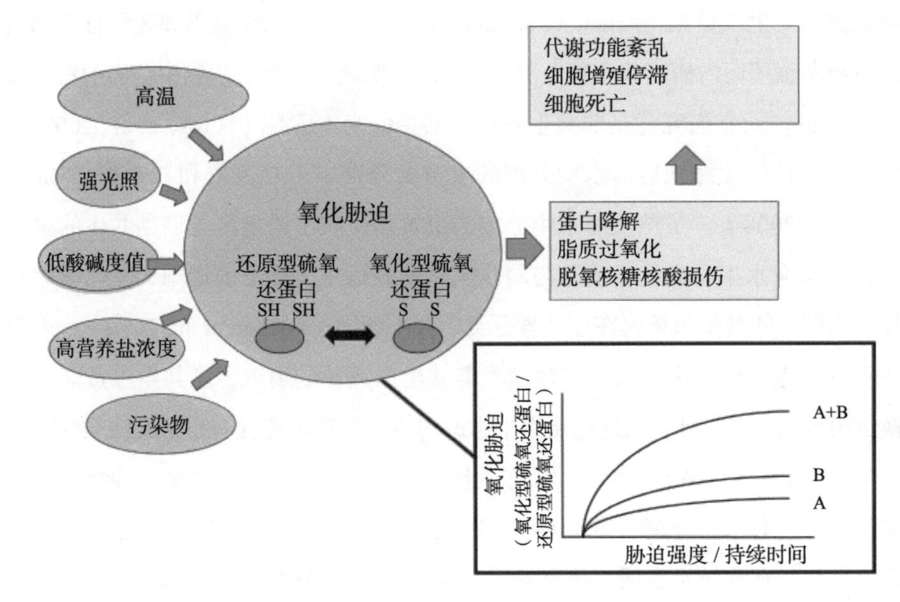

图 1.9　珊瑚细胞的胁迫响应模型。多种压力类型造成细胞内的氧化应激（Baird et al., 2009）

1.3.1　胁迫条件下共生虫黄藻成为珊瑚宿主的负担

1.3.1.1　珊瑚细胞聚集物（组织球）胁迫响应

分离的珊瑚细胞或组织分离物通常被用作珊瑚群体或浮浪幼虫的替代品，以检测珊瑚对环境胁迫或有毒物质的响应（Kopecky and Ostrander，1999；Domart-Coulon et al., 2004；Downs et al., 2010）。将分离的珊瑚细胞保存在培养皿中，它们会聚集形成一个球状结构（组织球），并通过纤毛的移动进行旋转。如果暴露在高温条件下，它们将停止旋转并分散为单个细胞（Nesa and Hidaka，2009a）。如果将此阶段视为组织球死亡，则可以比较其在不同胁迫条件下的存活时间。组织球在较高温度（31℃）下的存活时间明显少于正常温度（25℃）（图 1.10）。此外，在高温（31℃）下组织球的存活时间与它们的共生虫黄藻密度呈显著负相关关系（图 1.11），而在正常温度（25℃）下没有发现这种负相关关系。这表明，热胁迫下具有较高共生虫黄藻密度的组织球比较低密度的死亡更快，共生虫黄藻变成了宿主细胞的负担。通过组织球的彗星实验（单细胞凝胶电泳实验），Nesa 和 Hidaka（2009b）证明宿主细胞在热胁迫下遭受了 DNA 损伤，但使用抗坏血酸、过氧化酶或甘露醇等抗氧化剂可以改善宿主细胞的 DNA 损伤状况（图 1.12）。

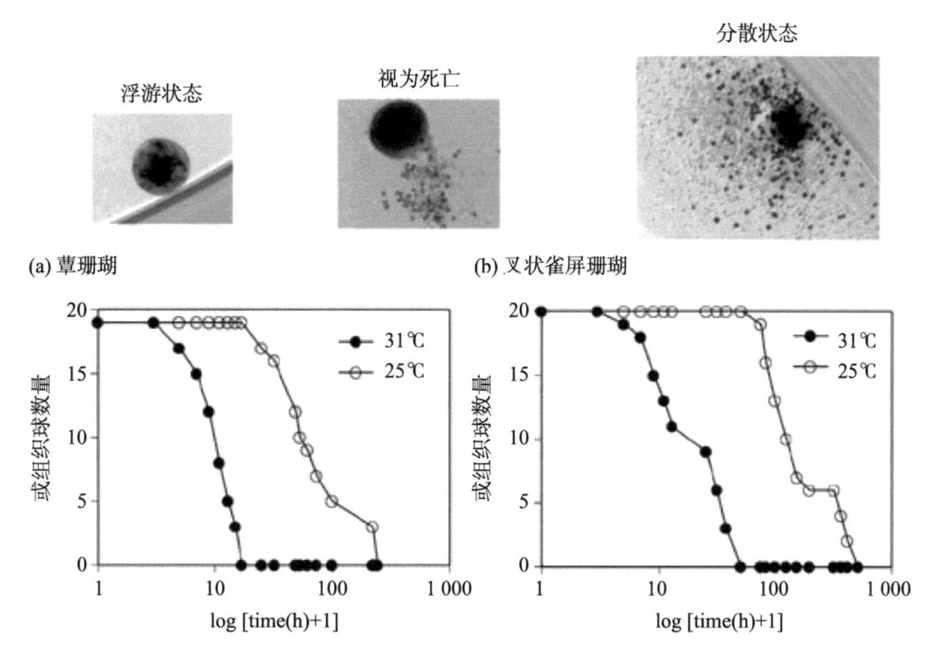

图 1.10　不同温度条件下珊瑚细胞聚集体（组织球）存活图。组织球在高温条件下比正常温度下的存活时间更短（Nesa and Hidaka，2009）

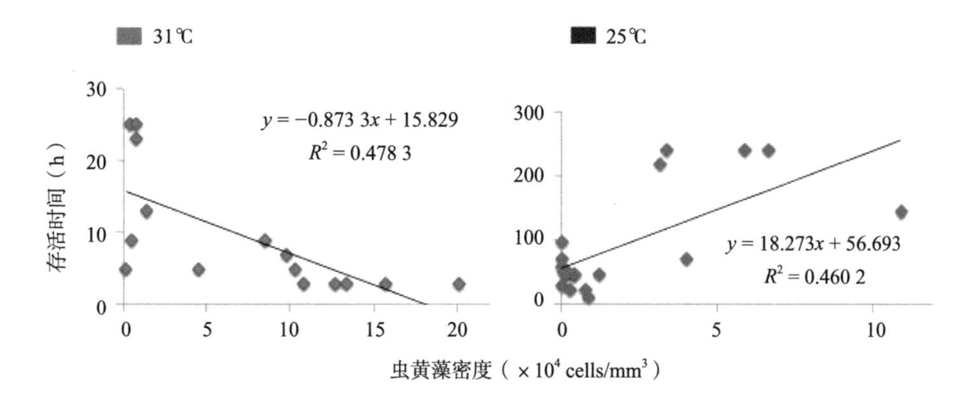

图 1.11　组织球中的共生虫黄藻密度与组织球存活时间之间的关系。在热胁迫条件下，组织球存活时间与虫黄藻密度呈负相关关系（Nesa and Hidaka，2009）

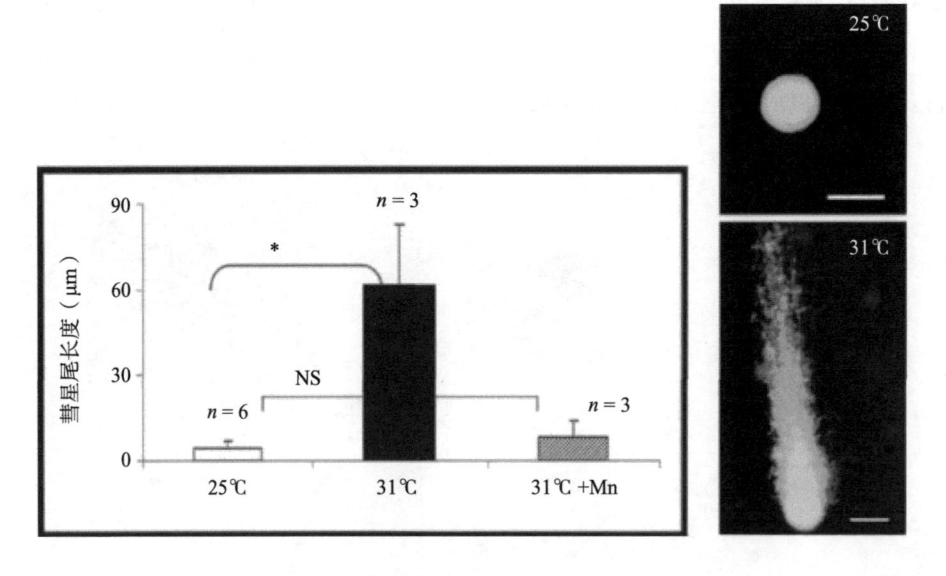

图 1.12　正常温度或高温条件下组织球的彗星实验。宿主细胞在热胁迫下遭受 DNA 损伤，外源性抗氧化剂可以改善这种损伤（Nesa and Hidaka，2009a）。

1.3.1.2　浮浪幼虫的胁迫响应

鹿角珊瑚采用水平传递模式产生不含共生虫黄藻的卵细胞。其浮浪幼虫通常也不含共生虫黄藻，但是可以通过接种方式获得共生虫黄藻（Harii et al., 2009）。如果将这些接种的和未接种的浮浪幼虫暴露在热胁迫（32℃）条件下 3 天，接种过虫黄藻的幼虫死亡率更高，其体内超氧化物歧化酶（SOD）的活性也更高，脂质过氧化指标丙二醛（MDA）含量也会有所增加（图 1.13；Yakovleva et al., 2009）。在夏初的冲绳，如果将含有和不含共生虫黄藻的柔枝鹿角珊瑚幼虫分别暴露于自然阳光下，含共生虫黄藻的幼虫会遭受显著的 DNA 损伤，而不含共生虫黄藻的幼虫则不会（Nesa et al., 2012）。这些结果都表明，在热或光胁迫下，共生虫黄藻成为 ROS 的来源，此时，共生虫黄藻的存在变成浮浪幼虫的一种负担。

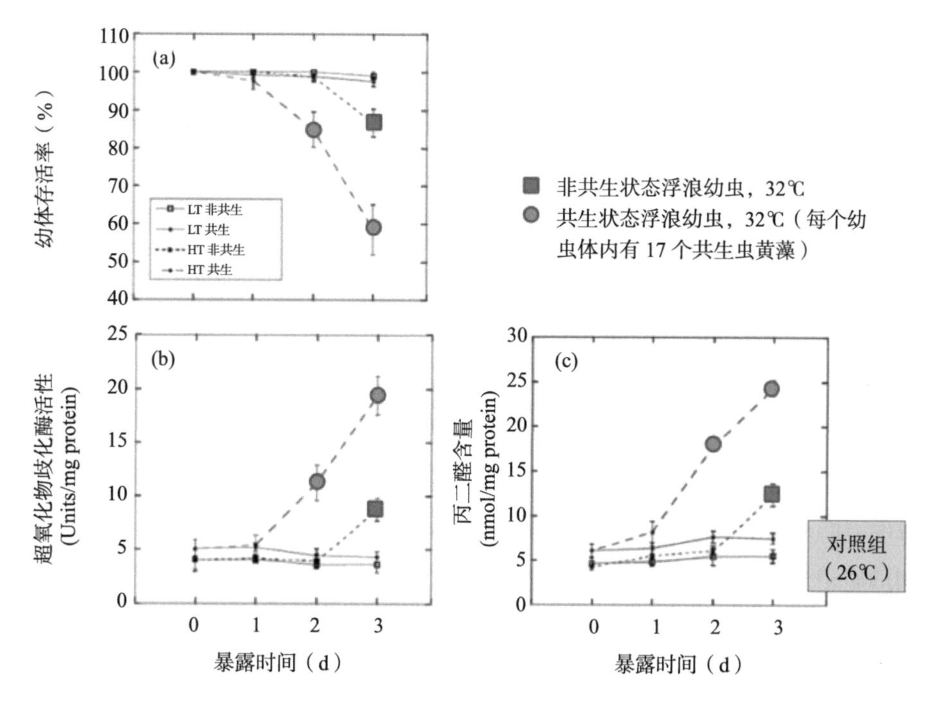

图 1.13 中间轴孔珊瑚（*Acropora intermedia*）浮浪幼虫的存活实验。在热或光胁迫下，含共生虫黄藻的中间轴孔珊瑚幼虫存活率较低，抗氧化酶活性较高，细胞氧化损伤程度高（Yakovleva et al., 2009）

1.3.1.3 成体珊瑚的胁迫响应

在珊瑚成体中，环境胁迫破坏了共生虫黄藻的光合作用，诱导了 ROS 的产生，从而导致宿主细胞凋亡（Weis，2008）。在热胁迫下，沟迎风海葵（*Anemonia viridis*）的共生虫黄藻抗氧化活性升高，造成宿主的类半胱天冬酶活性升高（Richier et al., 2006）。半胱天冬酶是半胱氨酸天冬氨酸特异性位点识别蛋白酶，其可作为细胞凋亡的诱导剂或者效应物。与黑暗条件相比，光照条件下未白化的萼形柱珊瑚产生两倍多的超氧阴离子自由基（O_2^-），而在白化的珊瑚中并未观察到 O_2^- 的增加。这表明，含有共生虫黄藻的珊瑚往往会在其组织内累积 ROS，因此更容易发生白化。当垃圾葵（*Aiptasia* sp.）或者柔枝鹿角珊瑚遭受热胁迫时，其内胚层细胞首先凋亡；随着凋亡细胞比率达到峰值，共生虫黄藻逐步逃逸，珊瑚发生严重白化（Dunn et al., 2002；Ainsworth et al., 2008）；随后，宿主内胚层细胞发生快速凋亡，并且出现共生虫黄藻的分解。

在自然白化的珊瑚中，可以观察到膨胀的含有许多液泡的虫黄藻（Brown et al., 1995；Mise and Hidaka，2003），有时看起来就像刚破裂不久。Franklin 等（2004）报道了萼形柱珊瑚的共生虫黄藻在人工白化条件下呈现液泡化、色素体缺失和体内积累物含量增加。在同一实验中，Sytox-green 和 2'，7'- 二氯二乙酸酯（H_2DCFDA）染色的虫黄藻数量增加，分别表明藻细胞膜完整性受损、细胞死亡和氧化应激增加。Strychar 和 Sammarco（2008）也观察到，高温胁迫下风信子鹿角珊瑚（*Acropora hyacinthus*）和坚实滨珊瑚（*Porites solida*）的共生虫黄藻发生凋亡和坏死。目前，共生虫黄藻凋亡或坏死的机制仍不清楚，有待进一步研究。

慢性胁迫可以促使珊瑚将光合能力不强和发生降解的共生虫黄藻排出体外（Franklin et al., 2004；Strychar et al., 2004），而急性胁迫将导致看似健康且具有光合能力的共生虫黄藻被排出（Ralph et al., 2001；Bhagooli and Hidaka，2004a）。不同的胁迫条件（如白化条件的强度和持续时间）以及宿主物种的特异性都可能决定共生虫黄藻是否被排出（Franklin et al., 2004；Strychar et al., 2004；Ralph et al., 2005；Hill and Ralph，2007）。

1.3.2 热胁迫的靶点和热敏感性的决定因素

1.3.2.1 共生虫黄藻的胁迫敏感性

近年来的研究表明，珊瑚 - 虫黄藻共生体的胁迫敏感性在很大程度上是由共生虫黄藻决定的，含有热敏感型共生虫黄藻的珊瑚可能死于热应激导致的白化，而含有耐热型共生虫黄藻的珊瑚可能存活下来，这一过程将导致共生虫黄藻系群结构的转换（Sampayo et al., 2008）。

1.3.2.2 D1 蛋白修复系统作为热敏感性的决定因素

Warner 等（1999）的研究发现，共生虫黄藻的 D1 蛋白修复系统对热胁迫敏感。D1 蛋白是光系统Ⅱ（PS Ⅱ）反应中心的组成部分，其功能与 PS Ⅱ的光化学效率直接相关（Takahashi et al., 2004）。对各种不同敏感性的珊瑚进行高温（或高光）胁迫后发现，D1 蛋白均呈现出相似的降解速率，因此 D1 蛋白修复系统与珊瑚宿主的热敏感性和白化有关，并可能发挥着决定性作用（Takahashi et al., 2004）。类囊体膜蛋白合成过程对高温的差异敏感性与藻体的光损伤程度（PS Ⅱ光化学效率降低，Fv/Fm）相对应（Takahashi et al., 2009）。由于 D1 蛋白的完整性与光化学效率密切相关，因此不难理解 Fv/Fm 与 D1 蛋白的功能完整性之间同样具有强相关性。D1 蛋白的功能完整性取决于其降解与修复之间的平衡，因此，研究热胁迫下不同虫黄藻 D1 蛋白的降解与修复间的平衡变化就显得尤为重要。

珊瑚白化前，Fv/Fm 首先降低；但这是珊瑚白化的诱因还是结果，尚不清楚。目前还不清楚 PS Ⅱ的破坏是否会通过 PSI 还原侧的梅勒反应（Mehler’s reaction）增加 ROS 的产生（Lesser，2011），或者会导致光能吸收失败，从而减少 ROS 的产生。如果 PS Ⅱ中产生的高能电子不能被卡尔文·本森循环（Calvin-Benson cycle）所消耗，那多余的电子可能与周围的氧分子反应产生 ROS（Jones et al., 1998）；如果卡尔文·本森循环中的某些酶因热胁迫而失活，并且高温导致内囊体膜完整性受损，从而导致质子泄露和 ATP 合成失败，就会发生上述产生 ROS 的情况（Tchernov et al., 2004）。因此，热胁迫降低了光抑制的阈值（Bhagooli and Hidaka，2004b），而 D1 蛋白降解导致高能电子的产生减少，从而在热胁迫下起到安全阀的作用。Yakovleva 和 Hidaka（2004）认为，与 PS Ⅱ光损伤相比，电子传输速率的延迟恢复也会导致 ROS 的产生，因此，这也可能成为珊瑚的胁迫敏感性变化的一个决定因素。

1.3.2.3　宿主在白化敏感性中的作用

如果珊瑚白化是共生虫黄藻产生 ROS 而导致宿主细胞凋亡的过程体现，那么除了共生虫黄藻对热胁迫的敏感性外，许多因素可能在决定珊瑚白化敏感性方面发挥着重要作用。共生虫黄藻的耐热性并不总是对应着分离出的虫黄藻的耐热性，这表明，宿主在决定珊瑚－虫黄藻共生体的胁迫敏感性方面起着举足轻重的作用（Bhagooli and Hidaka, 2003）。宿主珊瑚的抗氧化系统以及宿主提供的光保护作用，都可能会影响共生体的白化敏感性。

Dunn 等（2007）的研究证明，如果使用半胱天冬酶抑制剂（Z-Val-Ala-Asp-CH_2F，ZVAD-fmk）、3－甲基腺嘌呤和渥曼青霉素等抑制剂（其中 3－甲基腺嘌呤和渥曼青霉素是自噬抑制剂）处理套膜海葵（*Aiptasia pallida*），其细胞凋亡和自噬将同时被阻断，热胁迫下的白化现象显著减少。Tchernov 等（2011）指出，将对白化敏感的萼形柱珊瑚暴露于高温（32℃）下一周后，珊瑚呈现典型的细胞凋亡迹象；而将对白化耐受的尖枝列孔珊瑚同样暴露 6 周后，其仍保持形态的完整性。期间，萼形柱珊瑚中半胱天冬酶活性增加了 6 倍以上，而尖枝列孔珊瑚中则减少了 10 倍。研究还发现，半胱天冬酶抑制剂可以有效防止鹿角杯形珊瑚和表孔珊瑚在强光照和高温暴露（72 小时）后的白化和凋亡（Tchernov et al., 2011）。如果半胱天冬酶级联反应在白化早期阶段被阻止，凋亡反应就不会发生；即使宿主有时出现热白化，但也能在胁迫中继续存活（Tchernov et al., 2011）。珊瑚宿主的命运可能受促凋亡和抗凋亡基因的调控（Ainsworth et al., 2011；Pernice et al., 2011）。在热胁迫期间，多孔鹿角珊瑚抗凋亡基因 Bcl-2 上调后表现出凋亡活性的延迟下降（Pernice et al., 2011）。多项研究表明，一氧化氮（NO）在珊瑚白化期间诱导了细胞凋亡（Perez and Weis，2006；Bouchard and Yamasaki，2008）。

尽管共生虫黄藻会成为珊瑚幼虫的负担，但与水平传递的无共生虫黄藻的柔枝鹿角珊瑚幼虫相比，垂直传递的含共生虫黄藻的鹿角杯形珊瑚幼虫对热胁迫具有更高的耐受性（Haryanti et al., 2015；Haryanti and Hidaka，2015）。含有共生虫黄藻的表孔珊瑚受精卵相比成体含有较高的 Mn-SOD 活性（Padilla-Gamiño et al., 2013）。关于含共生虫黄藻的珊瑚幼虫的应激防御机制的研究可能有助于深入了解某些珊瑚的高耐受力机制。

1.3.3 珊瑚 – 虫黄藻共生体的胁迫防御机制

在两亿年前的三叠纪时期，珊瑚与虫黄藻的共生关系逐步形成（Stanley and Swart，1995；Stanley，2006）。鉴于珊瑚 – 虫黄藻共生的悠久历史，人们一定会好奇：为什么珊瑚 – 虫黄藻共生体对环境胁迫如此敏感？共生体应该进化形成了抵御环境胁迫的防御系统，并适应长期的环境变化。但是，近年来全球气温的变化速度很可能超过了珊瑚 – 虫黄藻共生体的适应能力。要想预测珊瑚礁生态系统对全球气候变化的响应，至关重要的是先了解珊瑚 – 虫黄藻共生体对环境变化的适应机制。

1.3.3.1 珊瑚和共生虫黄藻可能具有应对环境胁迫的协同防御系统

珊瑚含有紫外线吸收物质类胞菌素氨基酸（MAAs），其对共生虫黄藻具有遮光（防晒剂）作用，同时也可作为一种抗氧化剂（Yakovleva et al., 2004）。因此，珊瑚能够保护共生虫黄藻免受紫外线辐射。因为动物通常缺乏莽草酸途径，珊瑚也曾经一度被认为无法合成 MAAs，而是从食物或者共生虫黄藻中获得，并能直接或对 MAAs 稍加修饰后利用。然而，最近的研究发现，戊糖代谢物可以作为 MAAs 合成的来源，初级的 MAAs 可以通过一个基因簇编码的四步途径合成（Balskus and

Walsh, 2010；Rosic，2012 审核）。在星海海葵（*Nematostella vectensis*）（Balskus and Walsh, 2010）、指形鹿角珊瑚（Shinzato et al., 2011）和不同系群的虫黄藻中（Rosic, 2012）均发现了与该生物合成途径同源的基因簇。上述发现表明，珊瑚宿主进化出了保护共生虫黄藻免受紫外线辐射损伤的能力。

1.3.3.2　珊瑚的绿色荧光蛋白（GFPs）保护共生虫黄藻 PS Ⅱ免受光抑制的影响

珊瑚的 GFPs 具有保护共生虫黄藻 PS Ⅱ免受光抑制影响的作用（Salih et al., 2000）。与绿光或者红光相比，强蓝光会引起更大程度的光抑制（Fv/Fm 下降）（Oguchi et al., 2011）。由于绿色荧光蛋白吸收蓝光并反射绿光，因而其具有光保护作用（尤其是针对蓝光）。在指形鹿角珊瑚的基因组中发现了 10 个类绿色荧光蛋白基因，这些基因编码 GFP（绿色）、CFP（蓝绿色）、RFP（红色）以及非荧光色素蛋白（Shinzato et al., 2012）。浅海珊瑚的类绿色荧光蛋白多样性表明珊瑚可能具有光保护功能。类绿色荧光蛋白还具有抗氧化功能（Bou-Abdallah et al., 2006；Palmer et al., 2009），这也再次印证了珊瑚 - 虫黄藻共生体中存在共生虫黄藻的宿主保护机制。此外，珊瑚的绿色荧光蛋白还可能具有其他功能，并因发育阶段或物种的不同而不同（Nakaema and Hidaka，2015a，b；Haryanti and Hidaka，已投稿）。

1.3.3.3　硫氧还蛋白增强珊瑚 - 虫黄藻共生体的抗胁迫能力

Yuyama 等（2010）发现，当柔枝鹿角珊瑚幼体与虫黄藻建立共生关系时，宿主的硫酸盐转运蛋白基因表达增加，这可能是因为共生虫黄藻的存在增强了宿主细胞硫酸盐的转运。共生虫黄藻吸收了珊瑚细胞内的硫并合成含硫氨基酸（如半胱氨酸和甲硫氨酸），这些含硫氨基酸再被转运到宿主细胞内，用于合成谷胱甘肽和硫氧还蛋白（TRX），其在细胞抗氧化系统和氧化信号转导中发挥重要作用。珊瑚 - 虫黄藻共生体可能通过宿主和共生体之间硫及含硫氨基酸的易位，形成一种协同防御系统来抵抗氧化应激。与此同时，在热胁迫时珊瑚宿主的硫酸盐转运体基因是否会上调表达，以及敲除宿主硫酸盐转运体基因是否会降低珊瑚 - 虫黄藻共生体的耐受性，这些都值得我们进一步探究。

鹿角珊瑚缺乏半胱氨酸合成所必需的关键酶，需要依靠共生虫黄藻来提供半胱氨酸，导致这些珊瑚对白化高度敏感（Shinzato et al., 2011）。鹿角珊瑚的抗氧化系统在正常条件下起作用，但如果环境变化超过共生虫黄藻的耐受极限，共生关系就可能会崩溃。

硫氧还蛋白TRX含有巯基氨基酸残基，能通过调节靶标酶的巯基残基的氧化及还原来调节其催化活性（Ahsan等审核，2010），TRX还可联合过氧化氢还原酶一起去除胞内的过氧化氢；同时，TRX的减少增强了各种转录因子的DNA结合能力，它还与促凋亡激酶1（ASK1）结合以抑制细胞凋亡。因此，一种可能的假设是共生虫黄藻为珊瑚宿主提供含硫氨基酸，宿主可能通过产生TRX来增加机体的胁迫耐受性。

通常，各种环境胁迫会增加细胞内的氧化应激，其可以作为评估各种环境胁迫早期阶段的一个很好的指标。如果能够测量细胞内氧化应激的参数，我们就可以分析应激响应与应激强度和持续时间之间的关系，进而分析不同胁迫条件是否对珊瑚具有叠加作用。由于还原型与氧化型TRX的比值随细胞内氧化应激水平变化而变化，所以TRX还可以充当氧化应激的信号转换器。如果能够在珊瑚组织中检测还原型TRX与氧化型TRX之间的比值，则可以把它作为衡量细胞内氧化应激的有效参数。在人类的氧化应激反应中，氧化后的TRX从细胞释放到血液中，因此，人体血液中的TRX水平可作为衡量氧化应激水平的指标（Ahsan等审核，2010）。

1.3.4 珊瑚－虫黄藻共生体对环境变化的适应性

前期研究表明，与热敏感型虫黄藻共生的珊瑚可能会遭受热白化，当从白化中恢复过来后，珊瑚可能用热耐受型虫黄藻代替热敏感型虫黄藻（转换）；或者当环境变化时适应新环境的少数共生虫黄藻变成主导（改组）。因此，珊瑚将通过共生虫黄藻的替换来适应高温等环境变化，而白化则可能是珊瑚宿主适应新环境的过程（适应性白化假设，ABH；Buddemeier and Fautin，1993）。但最近的研究表明，即使白化期间共生虫黄藻系群结构发生短暂性变化，在白化恢复后珊瑚宿主仍会回归最初的系群结构，这说明许多珊瑚物种与其特有的虫黄藻之间存在紧密的共生关系（Stat et al., 2009）。

尽管虫黄藻的基因多样性表明了有性重组的可能性，刺胞动物宿主内的共生虫黄藻仍被认为是无性增殖的单倍体细胞（Santos and Coffroth，2003），迄今为止未见有关共生虫黄藻有性生殖的报道。由于虫黄藻仅通过无性生殖（有丝分裂）来进行增殖，说明它们是无性系的。然而，考虑到长达数天的倍增时间以及大量的藻类细胞基数，虫黄藻可能会积累各种突变。属于相同亚系群的共生虫黄藻可能在基因上仍然彼此不同，某些基因在部分藻中发生了突变。反过来，这些积累了突变的虫黄藻可能对环境变化呈现不同的敏感性。当环境发生变化时，适应新环境的虫黄藻可能激增并普遍分布于同种珊瑚中。这些过程类似于多细胞生物的体细胞突变，每一个虫黄藻相当于一个干细胞（Correa and Baker，2011；van Oppen et al., 2011）。这一假设是 ABH 的新版本，或者是基因不同但属于同一系群或亚系群的共生虫黄藻改组。

Howells 等（2012）证明，来自不同热环境的柔枝鹿角珊瑚的 C1 系群共生虫黄藻表现出不同的热耐受性。共生虫黄藻能够适应周围环境，这就保障了珊瑚宿主的适应性。本研究中一个有趣的方法是检测了虫黄藻中抗胁迫相关基因累积突变的速率以及珊瑚群体中此类突变的数量基数。通过棘轮实验（ratchet experiment），Huertas 等（2011）发现，分离的两种共生虫黄藻适应高温（30℃）生长所需的世代数为 55 ~ 70；原始生活在 22℃下的株系无法直接在 30℃下生长，但是分离株在经过 55 ~ 70 代棘轮实验后可以在 30℃下生长，但是它们无法在 35℃下生长。

珊瑚是否有类似水螅虫 I 型细胞的干细胞尚不清楚，但许多刺胞动物的外胚层细胞可能具有自我更新并分化成不同类型细胞的能力（Gold and Jacobs，2013）。如果珊瑚累积了各种突变的干细胞样细胞，其中能适应新环境的某些突变干细胞可能会激增并取代群体内的体细胞。如果是这种情况，与具有确定生长年限或短寿命的珊瑚（如鹿角珊瑚和杯形珊瑚）相比，寿命长的珊瑚群体（如滨珊瑚等）具有更强的适应环境变化的能力。

1.4 珊瑚 - 虫黄藻共生体在基因水平上的胁迫响应

在全球气候剧烈变化下，要想预测珊瑚礁及其生态系统对水域污染和气候变化的响应，必须从细胞和分子水平上理解珊瑚 - 虫黄藻共生体对环境胁迫的响应以及珊瑚宿主与虫黄藻共生关系的维持机制。目前，已有多篇关于刺胞动物与共生体间建立和维持共生关系的研究综述（Davy et al., 2012；Hill and Hill，2012），为人们理解珊瑚 - 虫黄藻共生关系的维持机制提供了极佳的材料。同时，在过去的 10 年间，珊瑚 - 虫黄藻共生体对环境胁迫的响应也得到了深入研究（Weis，2008；Roth，2014）。

1.4.1 环境胁迫的特异性生物标记

想要保护和修复珊瑚礁，必须确定珊瑚所承受的胁迫类型，以及是单一胁迫还是复合胁迫。人们已经在分子和基因表达水平上对珊瑚响应环境胁迫的机制进行了诸多研究。研究发现，在不同环境胁迫下许多基因的表达水平均会发生改变，也有一些基因只对特定胁迫类型产生响应，那么这些基因可以作为相应环境胁迫的特异性标记。

通过 cDNA 微阵列技术，Desalvo 等（2008）分析了山地星珊瑚（*Montastraea faveolata*）正常状态和白化状态之间的差异表达基因，检测了珊瑚暴露于热胁迫下 9 天后的差异表达基因。热胁迫和随后的白化影响了众多功能基因的表达，涉及的过程包括氧化应激反应、钙离子稳态、细胞骨架、细胞死亡、钙化作用、细胞代谢、蛋白合成和热激蛋白等。Meyer 等（2009）使用 454 测序仪对热胁迫下的多孔鹿角珊瑚浮浪幼虫进行了转录组分析，发现了许多涉及应激反应、细胞凋亡、免疫反应和蛋白质折叠等过程的差异表达基因。除此之外，在 RNA 转录组数据库中还包括涉及新陈代谢、信号转导和转录因子的相关基因。指形鹿角珊瑚基因组的成功测序（Shinzato et al., 2011），也为从基因水平方面研究鹿角珊瑚对环境胁迫的响应奠定了重要基础。

利用反转录聚合酶链式反应（RT-PCR）技术，Smith-Keune 和 Dove（2008）检测到在高温（32℃）下暴露 6 小时后的多孔鹿角珊瑚中 GFP 同源基因的表达降低，且表达量的下降发生在白化之前，表明 GFP 是热胁迫的特异性标记。Rodriguez-Lanetty 等（2009）也发现，多孔鹿角珊瑚的浮浪幼虫暴露在高温（31℃）下 3 小时后荧光蛋白（DsRed-type FP）的表达降低，说明荧光蛋白也可以像上述 GFP 一样作为热胁迫的特异性标记。另外，热胁迫导致珊瑚热激蛋白的表达增加，甘露糖结合 C 型凝集素表达下调（Rodriguez-Lanetty et al., 2009）。研究人员认为，凝集素参与了病原体识别，因此凝集素基因表达下降可能与浮浪幼虫对疾病的敏感性增加（免疫能力下降）相关。

使用高覆盖基因表达谱（HiCEP）方法，Yuyama 等（2012）检测了柔枝鹿角珊瑚初始水螅体暴露在高温（32℃）、有机锡和光合抑制剂二氯苯二甲基脲（DCMU，敌草隆）这 3 种环境胁迫下的基因表达情况。高覆盖基因表达谱是以限制性内切酶消化后的cDNA片段作为PCR模板，使用荧光标记引物，并用测序仪分析每个扩增子的数量。随后，研究者们通过样本间的峰值强度来比较不同样品的基因表达差异。通过该测序方法，共发现98个上调表达基因，其中9个基因在以上3种胁迫条件下均上调表达，还有27个基因对3种胁迫中的两种有响应，剩余62格基因只对单一胁迫产生响应；在这98个基因中，仅有7个（包括5个珊瑚基因和2个虫黄藻基因）被注释，包括1个氧化胁迫响应基因，其在3种胁迫条件下均差异表达（Yuyama et al., 2012）。可以看出，大多数基因对不同类型的环境胁迫会产生不同的响应，这也说明，利用基因表达分析可以在野外的实地考察过程中鉴别影响珊瑚所受的胁迫类型。

1.4.2 刺胞动物与虫黄藻共生关系的相关基因

想要确定珊瑚的白化机制以及珊瑚－虫黄藻共生关系的破裂原因，了解珊瑚和虫黄藻间共生关系的维持方式至关重要。利用高覆盖基因表达谱分析，Yuyama等（2010）调查了柔枝鹿角珊瑚初始水螅体共生关系建立前后的基因表达情况，发现共生关系建立前后，参与脂质代谢、细胞内信号转导和膜运输过程的基因表达发生了变化；另外，硫酸盐转运体基因在共生关系建立的同时也上调表达。

Voolstra等（2009）向鹿角珊瑚和山地星珊瑚的浮浪幼虫接种可以共生和非共生的虫黄藻，并利用微阵列技术分析了基因的差异表达情况。结果发现，如果浮浪幼虫接种了可以建立共生关系的虫黄藻，则仅有少数基因的表达水平发生改变；与之相反，如果浮浪幼虫接种了无法建立共生关系的虫黄藻，那么在接种6天后，大量基因的表达水平出现显著差异。Voolstra等（2009）进一步分析发现，通过MAPK和转录因子NF-κB信号转导等过程调节凋亡途径和免疫系统对于共生关系的建立非常重要。

Sunagawa等（2009）分析了套膜海葵cDNA文库中的10 285个表达序列标签（ESTs），以鉴定参与建立刺胞动物与藻类共生关系的基因。结果表明，参与共生关系建立的基因包含调节氧化应激反应的基因，如参与调节谷胱甘肽合成和氧化（还原）的基因以及催化氧化硫氧还原蛋白过程的酶。

然而，鲜有研究调查共生关系建立过程中共生虫黄藻基因表达的变化情况。Bertucci等（2010）的研究发现，共生虫黄藻P型氢离子腺苷三磷酸酶（P-type H^+-ATPase）的表达随共生关系的建立而上调表达。P-type H^+-ATPase作为一种H^+泵，能够利用 ATP 水解产生的能量进行 H^+ 的跨膜运输。H^+ 泵很有可能参与降低共生虫黄藻内部的 pH 值，从而加快碳酸氢根（HCO_3^-）产生二氧化碳（CO_2），增加藻体内 CO_2 浓度，进而为光合作用提供足量 CO_2（即浓缩 CO_2 用于光合作用）。实际上，有关刺胞动物 - 虫黄藻共生关系的细胞生物学的许多关键问题目前仍然没有解决，有待进一步研究（Davy et al., 2012）。

参考文献

Abrego D, van Oppen MJH, Willis BL (2009a) Highly infectious symbiont dominates initial uptake in coral juveniles. Mol Ecol 18:3518–3531.

Abrego D, van Oppen MJH, Willis BL (2009b) Onset of algal endosymbiont specificity varies among closely related species of *Acropora* corals during early ontogeny. Mol Ecol 18:3532–3543.

Adams LM, Cumbo VR, Takabayashi M (2009) Exposure to sediment enhances primary acquisition of *Symbiodinium* by asymbiotic coral larvae. Mar Ecol Prog Ser 377:149–156.

Ahsan MK, Nakamura H, Yodoi J (2010) Redox regulation by thioredoxin in cardiovascular diseases. In: Das DK (ed) Methods in redox signaling. Mary Ann Liebert, New York, pp 159–165.

Ainsworth TD, Hoegh-Guldberg O, Heron SF, Skirving WJ, Leggat W (2008) Early cellular changes are indicators of pre-bleaching thermal stress in the coral host. J Exp Mar Biol Ecol 364:63–71.

Ainsworth TD, Wasmund K, Ukani L, Seneca F, Yellowees D, Miller D, Leggat W (2011) Defining the tipping point. A complex cellular life/death balance in corals in response to stress. Sci Rep 1:160. doi:10.1038/srep00160.

Apprill AM, Gates RD (2007) Recognizing diversity in coral symbiotic dinoflagellate communities. Mol Ecol 16:1127–1134.

Babcock RC, Heyward AJ (1986) Larval development of certain gamete-spawning scleractinian corals. Coral Reefs 5:111–116.

Baird AH, Bhagooli R, Ralph PJ, Takahashi S (2009) Coral bleaching: the role of the host. Trends Ecol Evol 24:16–20.

Baker AC (2001) Reef corals bleach to survive change. Nature 411:765–766.

Baker AC, Starger CJ, McClanahan T, Glynn PW (2004) Corals' adaptive response to climate change. Nature 430:741.

Balskus EP, Walsh CT (2010) The genetic and molecular basis for sunscreen biosynthesis in cyanobacteria. Science 329:1653–1656.

Bertucci A, Tambutté E, Tambutté S, Aallemand D, Zoccola D (2010) Symbiosis-dependent gene expression in coral-dinoflagellate association: cloning and characterization of a P-type H^+-ATPase gene. Proc R Soc B 277:87–95.

Bhagooli R, Hidaka M (2003) Comparison of stress susceptibility of in hospite and isolated zooxanthellae among five coral species. J Exp Mar Biol Ecol 291:181–197.

Bhagooli R, Hidaka M (2004a) Release of zooxanthellae with intact photosynthetic activity by the coral *Galaxea fascicularis* in response to high temperature stress. Mar Biol 145:329–337.

Bhagooli R, Hidaka M (2004b) Photoinhibition, bleaching susceptibility and mortality in two scleractinian corals, *Platygyra ryukyuensis Stylophora pistillata*, in response to thermal and light stresse. Comp Biochem Physiol Part A 137:547–555.

Bouchard JN, Yamasaki H (2008) Heat stress stimulates nitric oxide production in *Symbiodinium microadriaticum*: a possible linkage between nitric oxide and the coral bleaching phenomenon. Plant Cell Physiol 49:641–652.

Bou-Abdallah F, Chasteen ND, Lesser MP (2006) Quenching of superoxide radicals by green fluorescent protein. Biochim Biophys Acta 1760:1690–1695.

Brown BE, LeTissier MDA, Bythell JC (1995) Mechanisms of bleaching deduced from histological studies of reef corals sampled during a natural bleaching event. Mar Biol 122:655–663.

Buddemeier RW, Fautin DG (1993) Coral bleaching as an adaptive mechanism. BioScience 43:320–326.

Byler KA, Carmi-Veal M, Fine M, Goulet TL (2013) Multiple symbiont acquisition strategies as an adaptive mechanism in the coral *Stylophora pistillata*. PLoS One 8(3): e59596.

Coffroth MA, Poland DM, Petrou EL, Brazeau DA, Holmberg JC (2010) Environmental symbiont acquisition may not be the solution to warming seas for reef-building corals. PLoS One 5(10):e13258.

Correa AMS, Baker AC (2009) Understanding diversity in coral-algal symbiosis: a cluster-based approach to interpreting fine-scale genetic variation in the genus *Symbiodinium*. Coral Reefs

28:81–93.

Correa AMS, Baker AC (2011) Disaster taxa in microbially mediated metazoans: how endosymbionts and environmental catastrophes influence the adaptive capacity of reef corals. Glob Chang Biol 17:68–75.

Correa AMS, McDonald MD, Baker AC (2009) Development of cladespecific *Symbiodinium* primers for quantitative PCR (qPCR) and their application to detect clade D symbionts in Caribbean corals. Mar Biol 156:2403–2411.

Davy SK, Allemand D, Weis VM (2012) Cell biology of cnidariandinoflagellate symbiosis. Microbiol Mol Biol Rev 76:229–261.

Desalvo MK, Voolstra CR, Sunagawa S, Schwarz JA, Stillman JH, Coffroth MA, Szmant AM, Medina M (2008) Differential gene expression during thermal stress and bleaching in the Caribbean coral *Montastraea faveolata*. Mol Ecol 17:3952–3971.

Domart-Coulon I, Tambutté S, Tambutté E, Allemand D (2004) Short term viability of soft tissue detached from the skeleton of reef-building corals. J Exp Mar Biol Ecol 309:199–217.

Downs CA, Fauth JE, Downs VD, Ostrander GK (2010) In vivo cell-toxicity screening as an alternative animal model for coral toxicology: effects of heat stress, sulfide, rotenone, cyanide, and cuprous oxide on cell viability and mitochondrial function. Ecotoxicology 19:171–184.

Dunn SR, Bythell JC, Le Tissier MDA, Burnett WJ, Thomason JC (2002) Programmed cell death and cell necrosis activity during hyperthermic stress-induced bleaching of the symbiotic sea anemone *Aiptasia* sp. J Exp Mar Biol Ecol 272:29–53.

Dunn SR, Schnitzler CE, Weis VM (2007) Apoptosis and autophagy as mechanisms of dinoflagellate symbiont release during cnidarian bleaching: every which way you lose. Proc R Soc B 274:3079–3085.

Fautin DG, Mariscal RN (1991) Cnidaria: anthozoa. In: Microscopic anatomy of invertebrates, vol 2, Placozoa, Porifera, Cnidaria, and Ctenophora. Wiley-Liss, New York, pp 267–358.

Franklin DJ, Hoegh-Guldberg O, Jones RJ, Berges JA (2004) Cell death and degeneration in the symbiotic dinoflagellates of the coral *Stylophora pistillata* during bleaching. Mar Ecol Prog Ser 272:117–130.

Gold DA, Jacobs DK (2013) Stem cell dynamics in Cnidaria: are there unifying principles? Dev Genes Evol 223:53–66.

Grottoli AG, Rodrigues LJ, Palardy JE (2006) Heterotrophic plasticity and resilience in bleached corals. Nature 440:1186–1189.

Hansen G, Daugbjerg N (2009) *Symbiodinium natans* sp. nov.: a 'free-living' dinoflagellate from Tenerife (Northeast-Atlantic Ocean). J Phycol 45:251–263.

Harii S, Yasuda N, Lodoriguez-Lanetty IT, Hidaka M (2009) Onset of symbiosis and distribution patterns of symbiotic dinoflagellates in the larvae of scleractinian corals. Mar Biol 156:1203–1212.

Harii S, Yamamoto M, Hoegh-Guldberg O (2010) The relative contribution of dinoflagellate photosynthesis and stored lipids to the survivorship of symbiotic larvae of the reef-building corals. Mar Biol 157:1215–1224.

Harrison PL (2011) Sexual reproduction of scleractinian corals. In: Dubinsky Z, Stambler N (eds) Coral reefs: an ecosystem in transition. Springer, Dordrecht, pp 59–85.

Haryanti D, Hidaka M (2015) Temperature dependence of respiration in larvae and adult colonies of the corals *Acropora tenuis Pocillopora damicornis*. J Mar Sci Eng 3:509–519.

Haryanti D, Hidaka M (submitted) Developmental changes in the fluorescence intensity and distribution pattern of green fluorescent protein (GFP) in coral larvae and juveniles. Submitted.

Haryanti D, Yasuda N, Harii S, Hidaka M (2015) High tolerance of symbiotic larvae of *Pocillopora damicornis* to thermal stress. Zool Stud 54:52.

Highsmith RC (1982) Reproduction by fragmentation in corals. Mar Ecol Prog Ser 7:207–226.

Hill M, Hill A (2012) The magnesium inhibition and arrested phagosome hypotheses: new perspectives on the evolution and ecology of *Symbiodinium* symbioses. Biol Rev 87:804–821.

Hill R, Ralph PJ (2007) Post-bleaching viability of expelled zooxanthellae from the scleractinian coral *Pocillopora damicornis*. Mar Ecol Prog Ser 352:137–144.

Hirose M, Hidaka M (2006) Early development of zooxanthella-containing eggs of the corals *Porites cylindrica* and *Montipora digitata*: the endodermal localization of zooxanthellae. Zool Sci 23:873–881.

Hirose M, Kinzie RA III, Hidaka M (2001) Timing and process of entry of zooxanthellae into oocytes of hermatypic corals. Coral Reefs 20:273–280.

Hirose M, Yamamoto H, Nonaka M (2008a) Metamorphosis and acquisition of symbiotic algae in planula larvae and primary polyps of *Acropora* spp. Coral Reefs 27:247–254.

Hirose M, Reimer JD, Hidaka M, Suda S (2008b) Phylogenetic analyses of potentially free-living *Symbiodinium* spp. isolated from coral reef sand in Okinawa, Japan. Mar Biol 155:105–112.

Hoadley KD, Szmant AM, Pyott SJ (2011) Circadian clock gene expression in the coral *Favia fragum* over diel and lunar reproductive cycles. PLoS One 6:e19755.

Howells EJ, Beltran VH, Larsen NW, Bay LK, Willis BL, van Oppen MJH (2012) Coral thermal tolerance shaped by local adaptation of photosymbionts. Nat Clim Chang 2:116–120.

Huang H-J, Wang L-H, Chen W-NU, Fang L-S, Chen C-S (2008) Developmentally regulated localization of endosymbiotic dinoflagellates in different tissue layers of coral larvae. Coral Reefs 27:365–372.

Huertas IE, Rouco M, López-Rodas V, Costas E (2011) Warming will affect phytoplankton differently: evidence through a mechanistic approach. Proc R Soc B 278:3534–3543.

Hughes TP, Jackson JBC (1985) Population dynamics and life histories of foliaceous coral. Ecol Monogr 55:141–166.

Jokiel PL, Bigger CH (1994) Aspects of histocompatibility and regeneration in the solitary reef coral *Fungia scutaria*. Biol Bull 186:72–80.

Jones RJ, Hoegh-Gulberg O, Larkum AWD, Schreiber U (1998) Temperature-induced bleaching of corals begins with impairment of the CO_2 fixation mechanism in zooxanthellae. Plant Cell Environ 21:1219–1230.

Kerr AM, Baird AH, Hughes TP (2011) Correlated evolution of sex and reproductive mode in corals (Anthozoa: Scleractinia). Proc R Soc B 278:75–81.

Kinzie RA III, Takayama M, Santos SR, Coffroth MA (2001) The adaptive bleaching hypothesis: experimental tests of critical assumptions. Biol Bull 200:51–58.

Kojis BL (1986) Sexual reproduction in *Acropora* (*Isopora*) (Coelenterata: Scleractinia) I. *A. cuneata* and *A. palifera* on Heron Island reef, Great Barrier Reef. Mar Biol 91:291–309.

Kopecky EJ, Ostrander GK (1999) Isolation and primary culture of viable multicellular endothelial isolates from hard corals. In Vitro Cell Dev Biol-Anim 35:616–624.

Kramarsky-Winter E, Loya Y (1996) Regeneration versus budding in fungiid corals: a trade-off. Mar Ecol Prog Ser 134:179–185.

LaJeunesse TC (2004) "Species" radiations of symbiotic dinoflagellates in the Atlantic and Indo-Pacific since the Miocene-Pliocene transition. Mol Biol Evol 22:570–581.

LaJeunesse TC, Thornhill DJ (2011) Improved resolution of reef-coral endosymbiont (*Symbiodinium*) species diversity, ecology, and evolution through *psbA* non-coding region genotyping. PLoS One 6 (12): e29013.

LaJeunesse TC, Bhagooli R, Hidaka M, deVantier L, Done T, Schmidt GW, Fitt WK, Hoegh-Guldberg O (2004) Shifts in relative dominance between closely related *Symbiodinium* spp. in coral reef host communities over environmental, latitudinal, and biogeographic gradients. Mar Ecol Prog Ser 284:147–161.

LaJeunesse TC, Smith R, Walther M, Pinzón J, Pettay DT, McGinley M, Aschaffenburg M, Medina-Rosas P, Cupul-Magaña AL, Pérez AL, Reyes-Bonilla H, Warner ME (2010) Host-symbiont recombination versus natural selection in the response of coral-dinoflagellates symbiosis to environmental disturbance. Proc R Soc B 277:2925–2934.

Lesser MP (2011) Coral bleaching: causes and mechanisms. In: Coral reefs: an ecosystem in transition. Springer, Dordrecht, pp 405–419.

Levy O, Appelbaum L, Leggat W, Gothlif Y, Hayward DC, Miller DJ, Hoegh-Guldberg O (2007) Light-responsive cryptochromes from a simple multicellular animal, the coral *Acropora millepora*. Science 318:467–480.

Little AF, van Oppen MJH, Willis BL (2004) Flexibility in algal endosymbioses shapes growth in reef corals. Science 304:1492–1494.

Lough JM, Barnes DJ (1997) Several centuries of variation in skeletal extension, density and calcification in massive *Porites* colonies from the Great Barrier Reef: a proxy for seawater temperature and a background of variability against which to identify unnatural change. J Exp Mar Biol Ecol 211:29–67.

Manning MM, Gates RD (2008) Diversity in populations of free-living *Symbiodinium* from a Caribbean and Pacific reef. Limnol Oceanogr 53:1853–1861.

Marlow HQ, Martindale MQ (2007) Embryonic development in two species of scleractinian coral embryos: *Symbiodinium* localization and mode of gastrulation. Evol Dev 9:355–367.

McGinley MP, Aschaffenburg MD, Pettay DT, Smith RT, LaJeunesse TC, Warner ME (2012) *Symbiodinium* spp. in colonies of eastern Pacific *Pocillopora spp*. are highly stable despite the prevalence of low-abundance background populations. Mar Ecol Prog Ser 462:1–7.

Meyer E, Aglyamova GV, Wang S, Buchanan-Carter J, Abrego D, Colbourne JK, Willis BL, Matz MV (2009) Sequencing and *de novo* analysis of a coral larval transcriptome using 454 GSFlx. BMC Genomics 10:219.

Mieog JC, van Oppen MJH, Cantin NE, Stam WT, Olsen JL (2007) Real-time PCR reveals a high incidence of *Symbiodinium* clade D at low levels in four scleractinian coral across the Great Barrier Reef: implication for symbiont shuffling. Coral Reefs 26:449–457.

Mieog JC, van Oppen MJH, Berkelmans R, Stam WT, Olsen JL (2009) Quantification of algal endosymbionts (*Symbiodinium*) in coral tissue using real-time PCR. Mol Ecol Resour 9:74–82.

Miller SW, Hayward DC, Bunch TA, Miller DJ, Ball EE, Bardwell VJ, Zarkower D, Brower DL (2003) A DM domain protein from a coral, *Acropora millepora*, homologous to proteins important for sex determination. Evol Dev 5:251–258.

Miller DJ, Ball EE, Technau U (2005) Cnidarians and ancestral genetic complexity in the animal kingdom. Trends Genet 21:536–539.

Mise T, Hidaka M (2003) Degradation of zooxanthellae in the coral *Acropora nasuta* during bleaching. Galaxea, JCRS 5:32–38.

Nakaema S, Hidaka M (2015a) Fluorescent protein content and stress tolerance of two color morphs of the coral *Galaxea fascicularis*. Galaxea J Coral Reef Stud 17:1–11.

Nakaema S, Hidaka M (2015b) GFP distribution and fluorescence intensity in *Galaxea fascicularis*: developmental changes and maternal effects. Platax 12:1–9.

Nesa B, Hidaka M (2009a) High zooxanthella density shortens the survival time of coral cell aggregates under thermal stress. J Exp Mar Biol Ecol 368:81–87.

Nesa B, Hidaka M (2009b) Thermal stress increases oxidative DNA damage in coral cell aggregates. In: Proceedings of 11th international coral reef symposium (Florida), pp 144–148.

Nesa B, Baird AH, Harii S, Yakovleva I, Hidaka M (2012) Algal symbionts increase DNA damage in coral planulae exposed to sunlight. Zool Stud 51:12–17.

Oguchi R, Terashima I, Kou J, Chow WS (2011) Operation of dual mechanisms that both lead to photoinactivation of photosystem II in leaves by visible light. Physiol Plant 142:47–55.

Ojimi MC, Loya Y, Hidaka M (2012) Sperm of the solitary coral *Ctenactis echinata* exhibits a longer telomere than that of somatic tissues. Zool Stud 51:1475–1480.

Padilla-Gamiño JL, Pochon X, Bird C, Concepcion GT, Gates RD (2012) From parent to gamete: vertical transmission of *Symbiodinium* (Dinophyceae) ITS2 sequence assemblages in the reef building coral *Montipora capitata*. PLoS One 7: e38440.

Padilla-Gamiño JL, Bidigare RR, Barshis DJ, Alamaru A, Hédouin L, Hernández-Pech X, Kandel F, Leon Soon S, Roth MS, Rodrigues LJ, Grottoli AG, Portocarrero C, Wagenhauser SA, Buttler F, Gates RD (2013) Are all eggs created equal? A case study from the Hawaiian reef-building coral *Montipora capitata*. Coral Reefs. doi:10.1007/s00338-012-0957-1.

Palmer CV, Chintan KM, Laura DM (2009) Coral fluorescent proteins as antioxidants. PLoS One 4: e7298. doi: 10.1371/journal. pone. 0007298.

Perez S, Weis V (2006) Nitric oxide and cnidarian bleaching: an eviction notice mediates breakdown of a symbiosis. J Exp Biol 209:2804–2810.

Permata DW, Hidaka M (2005) Ontogenetic changes in the capacity of the coral *Pocillopora damicornis* to originate branches. Zool Sci 22:1197–1203.

Permata DW, Kinzie RA III, Hidaka M (2000) Histological studies on the origin of planulae of the coral *Pocillopora damicornis*. Mar Ecol Prog Ser 200:191–200.

Pernice M, Dunn SR, Miard T, Dufour S, Dove S, Hoegh-Guldberg O (2011) Regulation of apoptotic mediators reveals dynamic responses to thermal stress in the reef building coral *Acropora millepora*. PLoS One 6: e16095.

Pochon X, Gates RD (2010) A new *Symbiodinium* clade (*Dinophyceae*) from soritid foraminifera in Hawai'i. Mol Phylogenet Evol 56:492–497.

Pochon X, Stat M, Takabayashi M, Chasqui L, Chauka LJ, Logan DDK, Gates RD (2010) Comparison of endosymbiotic and free-living *Symbiodinium* (Dinophyceae) diversity in a Hawaiian reef environment. J Phycol 46:53–65.

Pochon X, Putnam HM, Burki F, Gates RD (2012) Identifying and characterizing alternative molecular markers for the symbiotic and free-living dinoflagellate genus *Symbiodinium*. PLoS One 7(1): e29816.

Potts DC, Done TJ, Isdale PJ, Fisk DA (1985) Dominance of a coral community by the genus *Porites* (Scleractinia). Mar Ecol Prog Ser 23:79–84.

Putnam HM, Stat M, Pochon X, Gates RD (2012) Endosymbiotic flexibility associates with environmental sensitivity in scleractinian corals. Proc Roy Soc B 279:4352–4361.

Ralph PJ, Gademann R, Larkum AWD (2001) Zooxanthellae expelled from bleached corals at 33°C are photosynthetically competent. Mar Ecol Prog Ser 220:163–168.

Ralph PJ, Larkum AWD, KuhlM (2005) Temporal patterns in effective quantum yield of individual zooxanthellae expelled during bleaching. J Exp Mar Biol Ecol 316:17–28.

Richier S, Sabourault C, Courtiade J, Zucchini N, Allemand D, Furla P (2006) Oxidative stress and apoptotic events during thermal stress in the symbiotic sea anemone, *Anemonia viridis*. FEBS J 273:4186–4198.

Rodriguez-Lanetty M, Harii S, Hoegh-Guldberg O (2009) Early molecular responses of coral larvae to hyperthermal stress. Mol Ecol 18:5101–5114.

Rosic NN (2012) Phylogenetic analysis of genes involved in mycosporine-like amino acid biosynthesis in symbiotic dinoflagellates. Appl Microbiol Biotechnol 94:29–37.

Roth MS (2014) The engine of the reef: photobiology of the coral-algal symbiosis. Front Microbiol 5:422.

Rowan R (2004) Coral bleaching: thermal adaptation in reef coral symbionts. Nature 430:742.

Rowan R, Powers DA (1991a) A molecular genetic classification of zooxanthellae and the evolution of animal-algal symbiosis. Science 251:1348–1351.

Rowan R, Powers DA (1991b) Molecular genetic identification of symbiotic dinoflagellates (zooxanthellae). Mar Ecol Prog Ser 71:65–73.

Salih A, Larkum A, Cox G, Kuhl M, Hoegh-Guldberg O (2000) Fluorescent pigments in corals are photoprotective. Nature 408:850–853.

Sammarco PW (1982) Polyp bail-out: an escape response to environmental stress and a new means of reproduction in corals. Mar Ecol Prog Ser 10:57–65.

Sampayo EM, Ridgway T, Bongaerts P, Hoegh-Guldberg O (2008) Bleaching susceptibility and mortality of corals are determined by fine-scale differences in symbiont type. Proc Natl Acad Sci U S A 105:10444–10449.

Sampayo EM, Dove S, LaJeunesse TC (2009) Cohesive molecular genetic data delineate species diversity in the dinoflagellate genus *Symbiodinium*. Mol Ecol 18:500–519.

Santos SR, Coffroth MA (2003) Molecular genetic evidence that dinoflagellates belonging to the genus *Symbiodinium* Freudenthal are haploid. Biol Bull 204:10–20.

Schwarz JA, Krupp DA, Weis VM (1999) Late larval development and onset of symbiosis in the scleractinian coral *Fungia scutaria*. Biol Bull 196:70–79.

Shikina S, Chen CJ, Liou JY, Shao ZF, Chung YJ, Lee YH, Chang CF (2012) Germ cell development in the scleractinian coral *Euphyllia ancora* (Cnidaria, Anthozoa). PLoS One 7(7): e41569.

Shinzato C, Shoguchi E, Kawashima T, Hamada M, Hisata K, Tanaka M, Fujie M, Fujiwara M, Koyanagi R, Ikuta T, Fujiyama A, Miller DJ, Satoh N (2011) Using the *Acropora digitifera* genome to understand coral responses to environmental change. Nature 476:320–324.

Shinzato C, Shoguchi E, Tanaka M, Satoh N (2012) Fluorescent protein candidate genes in the coral *Acropora digitifera* genome. Zool Sci 29:260–264.

Silverstein RN, Correa AMS, Baker AC (2012) Specificity is rarely absolute in coral-algal symbiosis: implications for coral response to climate change. Proc R Soc B 279:2609–2618.

Smith LD, Hughes TP (1999) An experimental assessment of survival, re-attachment and fecundity of coral fragments. J Exp Mar Biol Ecol 235:147–164.

Smith-Keune C, Dove S (2008) Gene expression of a green fluorescent protein homolog as a host-specific biomarker of heat stress within a reef-building coral. Mar Biotechnol 10:166–180.

Stanley GD Jr (2006) Photosymbiosis and the evolution of modern coral reefs. Science 312: 857–858.

Stanley GD, Swart PK (1995) Evolution of the coral-zooxanthellae symbiosis during the Triassic: a geochemical approach. Paleobiology 21:179–199.

Stat M, Loh WKW, LaJeunesse TC, Hoegh-Guldberg O, Carter DA (2009) Stability of coral-endosymbiont associations during and after a thermal stress event in the southern Great Barrier Reef. Coral Reefs 28:709–713.

Stat M, Bird CE, Pochon X, Chasqui L, Chauka LJ, Concepcion GT, Loga D, Takabayashi M, Toonen RJ, Gates RD (2011) Variation in *Symbiodinium* ITS2 sequence assemblages among coral colonies. PLoS One 6(1): e15854.

Stoddart JA (1983) Asexual production of planulae in the coral *Pocillopora damicornis*. Mar Biol 76:279–284.

Strychar KB, Sammarco PW (2008) Exaptation in corals to high seawater temperatures: low concentrations of apoptotic and necrotic cells in host coral tissue under bleaching conditions. J Exp Mar Biol Ecol 369:31–42.

Strychar KB, Coates M, Sammarco PW, Piva TJ (2004) Bleaching as a pathogenic response in scleractinian corals, evidenced by high concentrations of apoptotic and necrotic zooxanthellae. J Exp Mar Biol Ecol 304:99–121.

Sunagawa S, Wilson EC, Thaler M, Smith ML, Ccaruso C, Pringle JR, Weis VM, Medina M, Schwarz JA (2009) Generation and analysis of transcriptomic resources for a model system on the rise: the sea anemone *Aiptasia pallida* and its dinoflagellate endosymbiont. BMC Genomics 10:258.

Suwa R, Hirose M, Hidaka M (2008) Seasonal fluctuation in zooxanthella composition and photo-physiology in the corals *Pavona divaricata* and *P. decussata* in Okinawa. Mar Ecol Prog Ser 361:129–137.

Szmant-Froelich AM, Reutter M, Riggs L (1985) Sexual reproduction of *Favia fragum* (Esper): lunar patterns of gametogenesis, embryogenesis and planulation in Puerto Rico. Bull Mar Sci 37:880–892.

Taguchi T, Mezaki T, Iwase F, Sekida S, Kubota S, Fukami H, Okuda K, Shinbo T, Oshima S, Iiguni Y, Testa JR, Tominaga A (2014) Molecular cytogenetic analysis of the scleractinian coral *Acropora solitaryensis* Veron & Wallace 1984. Zool Sci 31:89–94.

Takahashi S, Nakamura T, Sakamizu M, van Woesik R, Yamasaki H (2004) Repair machinery of symbiotic photosynthesis as the primary target of heat stress for reef-building corals. Plant Cell Physiol 45:251–255.

Takahashi S, Whitney SM, Badger MR (2009) Different thermal sensitivity of the repair of photodamaged photosynthetic machinery in cultured *Symbiodinium* species. Proc Natl Acad Sci U S A 106:3237–3242.

Tchernov D, Gorbunov MY, de Vargas C, Yadav SN, Milligan AJ, Haggblom M, Falkowski PG (2004) Membrane lipids of symbiotic algae are diagnostic of sensitivity to thermal bleaching in corals. Proc Natl Acad Sci U S A 101:13531–13535.

Tchernov D, Kvitt H, Haramaty L, Bibby TS, Gorbunov MY, Rosenfeld H, Falkowsky PG (2011) Apoptosis and the selective survival of host animals following thermal bleaching in zooxanthellate corals. Proc Natl Acad Sci U S A 108:9905–9909.

Thornhill DJ, LaJeunesse TC, Kemp DW, Fitt WK, Schmidt GW (2005) Multi-year, seasonal genotypic surveys of coral-algal symbioses reveal prevalent stability or post-bleaching reversion. Mar Biol. doi:10.1007/s00227-005-0114-2.

Trench RK, Blank RJ (1987) *Symbiodinium microadriaticum* Freudenthal, *S. goreauii* sp. nov., *S. kawagutii* sp. nov. and *S. pilosum* sp. nov.: gymnodinioid dinoflagellate symbionts of marine invertebrates. J Phycol 23:469–481.

Tsuta H, Hidaka M (2013) Telomere length of the colonial coral *Galaxea fascicularis* at different developmental stages. Coral Reefs 32:495–502.

Tsuta H, Shinzato C, Satoh N, Michio Hidaka M (2014) Telomere shortening in the colonial coral *Acropora digitifera* during Development. Zool Sci 31:129–134.

Twan W-H, Hwang J-S, Lee Y-H, Wu H-F, Tung Y-H, Chang C-F (2006) Hormones and reproduction in scleractinian corals. Comp Biochem Physiol A 144:247–253.

Udy JW, Hinde R, Vesk M (1993) Chromosomes and DNA in *Symbiodinium* from Australian hosts. J Phycol 29:314–320.

Van Oppen MJH, Gates RD (2007) Conservation genetics and the resilience of reef-building corals. Mol Ecol 15:3863–3883.

Van Oppen MJH, Souter P, Howells EJ, Heyward A, Berkelmans R (2011) Novel genetic diversity through somatic mutations: fuel for adaptation of reef corals? Diversity 3:405–423.

Vizel M, Loya Y, Downs C, Kramarsky-Winter E (2011) A novel method for coral explant culture and micropropagation. Mar Biotechnol 13:423–432.

Voolstra CR, Schwarz JA, Schnetzer J, Sunagawa S, Desalvo MK, Szmant AM, Coffroth MA, Medina M (2009) The host transcriptome remains unaltered during the establishment of coral-algal symbioses. Mol Ecol 18:1823–1833.

Warner ME, Fitt WK, Schmidt G (1999) Damage to photosystem II in symbiotic dinoflagellates: a determinant of coral bleaching. Proc Natl Acad Sci U S A 96:8007–8012.

Weis VM (2008) Cellular mechanisms of Cnidarian bleaching: stress causes the collapse of symbiosis. J Exp Biol 211:3059–3066.

Wewenkang DS, Watanabe T, Hidaka M (2007) Studies on morphotypes of the coral *Galaxea fascicularis* from Okinawa: polyp color, nematocyst shape, and coenosteum density. Galaxea J Coral Reef Stud 9:49–59.

Yakovleva I, Hidaka M (2004) Differential recovery of PS Ⅱ function and electron transport rate in symbiotic dinoflagellates as possible determinant of bleaching susceptibility of corals. Mar Ecol Prog Ser 268:43–53.

Yakovleva IM, Bhagooli R, Takemura A, Hidaka M (2004) Differential susceptibility to oxidative stress of two scleractinian corals: antioxidant functioning of mycosporine-glycine. Comp Biochem Physiol B 139:721–730.

Yakovleva IM, Baird AH, Yamamoto HH, Bhagooli R, Nonaka M, Hidaka M (2009) Algal symbionts increase oxidative damage and death in coral larvae at high temperature. Mar Ecol Prog Ser 378:105–112.

Yamashiro H, Hidaka M, Nishihira M, Poung-In S (1989) Morphological studies on skeletons of *Diaseris fragilis*, a free-living coral which reproduces asexually by natural autotomy. Galaxea 8:283–294.

Yamashita H, Koike K (2013) Genetic identity of free-living *Symbiodinium* obtained over a broad latitudinal range in the Japanese coast. Phycol Res 61:68–80.

Yeoh SR, Dai CF (2010) The production of sexual and asexual larvae within single broods of the scleractinian coral, *Pocillopora damicornis*. Mar Biol 157:351–359.

Yuyama I, Watanabe T, Takei Y (2010) Profiling differential gene expression of symbiotic and aposymbiotic corals using a high coverage expression profiling (HiCEP) analysis. Mar Biotechnol. doi:10.1007/s10126-010-9265-3.

Yuyama I, Ito Y, Watanabe T, Hidak M, Suzuki Y, Nishida M (2012) Differential gene expression in juvenile polyps of the coral *Acropora tenuis* exposed to thermal and chemical stresses. J Exp Mar Biol Ecol 430–431:17–24.

第2章　微/纳米尺度下珊瑚礁生态系统的化学和生物学特性：多重协同胁迫作用

比阿特丽斯·E·卡萨雷托，铃木俊之，铃木佳美
（Beatriz E. Casareto，Toshiyuki Suzuki，Yoshimi Suzuki）

目前，全球气候正以前所未有的速度发生变化，自然环境变化和人类活动加剧严重扰乱了珊瑚礁生态系统。非生物因素（温度、沉积物、营养物质输入、紫外线辐射）、生物因素（捕食、藻类过度生长、传染性疾病）以及这些因素的协同作用导致了全球珊瑚礁的退化。其中，白化是珊瑚在海表温度和辐照升高下的主要表现。众所周知，珊瑚白化在全球都有发生。但是，由于“珊瑚共生有机体”（珊瑚与虫黄藻等微生物群落维持微妙的动态平衡以保持珊瑚的健康）极其复杂，珊瑚白化的机制尚未完全阐明。本章主要从微/纳米尺度揭示珊瑚白化的新观点：①高温胁迫期间珊瑚色素的变化揭示白化是避免过量活性氧（ROS）生成的解毒策略；②高温胁迫和致病菌感染的协同作用加速了珊瑚的白化进程；③在高温胁迫下，硝酸盐富集的协同效应能阻碍珊瑚白化后的恢复，使珊瑚对其他环境或者人为压力因素更加敏感。

2.1　基于色素分析的珊瑚白化机制研究

2.1.1　色素分析概述

以往的研究认为，造礁石珊瑚中共生虫黄藻密度（Hoegh-Guldberg and Smith，1989；Gates，1990；Brown and Tissier et al., 1995）或者光合色素浓度的下降（Fitt and Warner，1995；Fitt and Brown et al., 2001）能够导致珊瑚白化。共生虫黄藻的

减少和环境压力因素相关，比如，高温能改变虫黄藻叶绿体的形态并损伤藻细胞功能（Kuroki and Woesik，1999；Bhagooli and Hidaka，2002；Bhagooli and Hidaka，2006）。调查表明，1998 年冲绳珊瑚大规模白化期间，未被排出的共生虫黄藻形态发生变化，色素含量减少。此外，也有研究者发现，夏天自然白化的珊瑚中存在多种形态的共生虫黄藻（Reimer，2007；Mise and Hidaka，2010）。

为了调查珊瑚排出和保留的共生虫黄藻的形态与丰度，对指状蔷薇珊瑚进行高温胁迫后收集珊瑚排出和保留的共生虫黄藻并对其进行了分类和统计。此外，该研究比较了热胁迫期间珊瑚排出和保留的共生虫黄藻光合色素［利用高效液相色谱法（HPLC）分析其色素成分］的组成变化。

2.1.2 共生虫黄藻的降解

在日本冲绳本部备濑（26°42′N 和 127°52′E）礁区中采集同一株指状蔷薇珊瑚的断枝，并选取其中 3 个断枝置于含有 800 mL 过滤海水（0.2 μm 孔径滤膜过滤）的玻璃瓶中。培养珊瑚断枝的光照周期为 12 L：12 D，温度为 27℃（对照）和 32℃。为了观察被排出的共生虫黄藻，白天和晚上分别在培养器皿中取水样。其中，一半的水样经 2.0 μm 的聚碳酸酯膜过滤，用于观察和计数被排出的共生虫黄藻；剩余的水样经 GF/F 滤膜过滤，用于色素分析。最后，使用 Waterpik 洗牙器剥离珊瑚组织，并收集其中的共生虫黄藻。

把虫黄藻分为 3 类：①健康形态（具有正常展开的叶绿体）；②皱缩的细胞（具有破碎、变暗和缩小的叶绿体）；③白化细胞（具有变淡或者无色的叶绿体）（图 2.1）。通过观察正常温度和高温胁迫下珊瑚组织中的共生虫黄藻，发现白化的虫黄藻较少（27℃下占总数的 0.39%，32℃下占总数的 1.97%）。在 27℃下培育 4 天后，珊瑚断枝中共生虫黄藻的密度、皱缩和健康虫黄藻的比例均与初始值相近（表 2.1）；32℃下共生虫黄藻的密度显著下降至初始值的 42%（*T* 检验，*P*=0.002），皱缩虫黄藻的数目从 3.78×10^4 cells·cm^{-2} 增加到 4.25×10^5 cells·cm^{-2}，占共生虫黄藻总密度的 18%。表 2.2 和图 2.2 详细列出了 27℃和 32℃下共生虫黄藻的排出率。27℃下，珊瑚在 12 小时的黑暗中排出虫黄藻的数目范围为 3.78×10^2 ~ 2.39×10^3 cells·cm^{-2}，而在 12 小时光照中排出虫黄藻的数目范围为 3.06×10^3 ~ 1.82×10^4 cells·cm^{-2}；32℃下，珊瑚在 12 小时的黑暗中排出虫黄藻的数目范围为 $2.27\times10^{2}\sim1.41\times10^{3}$ cells·cm^{-2}，而在 12 小时的光照中排出虫黄藻的数目范围为 $5.47\times10^{2}\sim9.87\times10^{2}$ cells·cm^{-2}。在 27℃和 32℃下培育 4 天后，珊瑚排出的虫黄藻总数分别为 4.39×10^{4} cells·cm^{-2} 和 6.00×10^{3} cells·cm^{-2}，约占实验开始时珊瑚中共生虫黄藻总数的 1%。

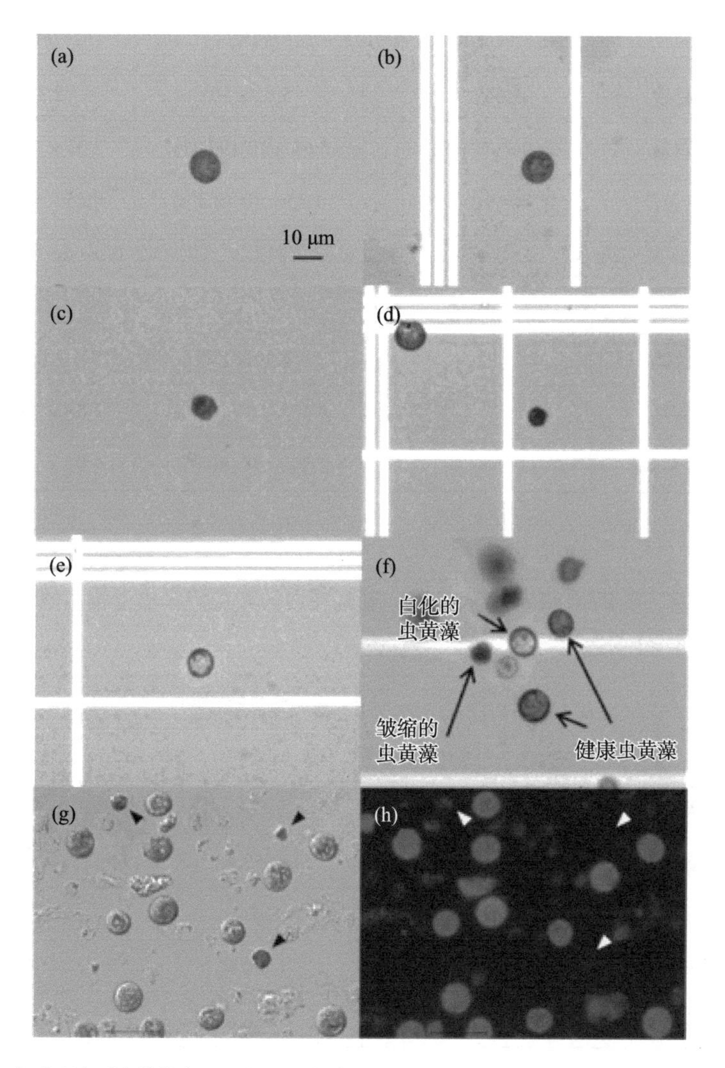

图 2.1　珊瑚组织中观察到虫黄藻类型。（a，b）健康细胞：球形且展开的叶绿体；（c，d）皱缩细胞：破碎、变暗和缩小的叶绿体；（e）白化细胞：变淡和无色的叶绿体；（f）三种类型的虫黄藻；（g）白光显微照片；（h）健康和收缩细胞的荧光图像（收缩的细胞由箭头指示）。［由 Suzuki 等（2014）通过 John Wiley & Sons Ltd 允许转载，版权 © 2014 作者。藻类学杂志由 Wiley Periodicals，Inc 出版］

表 2.1　在 27℃和 32℃下培育 4 天后，珊瑚保留和排出共生虫黄藻的数量及比例

单位：cells·cm^{-2}

保留的虫黄藻			
	第 0 天	第 4 天	
		(27℃)	(32℃)
虫黄藻总数	5.64×10^6	5.65×10^6	2.37×10^6
健康虫黄藻	5.60×10^6 (99.3%)	5.65×10^6 (97.7%)	2.37×10^6 (82.3%)
皱缩的虫黄藻	3.78×10^4 (0.7%)	1.25×10^5 (2.3%)	4.25×10^5 (17.7%)
4 天后排出的虫黄藻			
		(27℃)	(32℃)
虫黄藻总数		4.39×10^4	6.00×10^3
健康虫黄藻		8.55×10^3 (19.4%)	3.08×10^3 (51.3%)
皱缩的虫黄藻		3.54×10^4 (80.6%)	2.92×10^3 (48.7%)

表 2.2　在 27℃和 32℃温度下，珊瑚在白天和夜间排出虫黄藻的速率

单位：cells·cm^{-2}·h^{-1}

	虫黄藻总数	健康虫黄藻	皱缩的虫黄藻
(27℃)			
白天	808.2	124.7	683.5
夜晚	106.5	53.4	53.1
(32℃)			
白天	61.5	30.6	30.9
夜晚	63.5	33.6	29.8

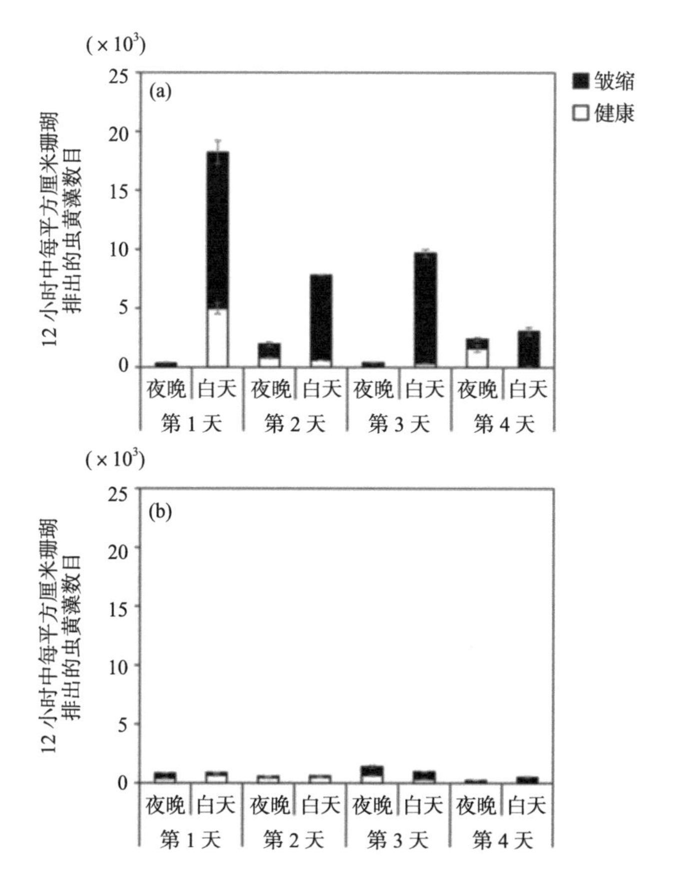

图 2.2 连续 4 天每隔 12 小时收集培育容器的水样以分析被排出虫黄藻的密度和组成。（a）27℃和（b）32℃。将虫黄藻数目标准化为珊瑚断枝的表面积。值为平均值 ± 标准误差（$n=3$）［由 Suzuki 等（2014）通过 John Wiley & Sons Ltd 允许转载，版权 ©2014 作者。藻类学杂志由 Wiley Periodicals，Inc 出版］

上述实验发现，珊瑚排出的虫黄藻数目较少，排藻过程应属于正常的生理现象，可能不是珊瑚白化的主要机制。虽然在 32℃下珊瑚仅以低速率排出共生虫黄藻，但珊瑚中的共生虫黄藻密度仍明显降低。热胁迫下虫黄藻分裂增殖减少（与 27℃相比），但这并不能解释珊瑚中共生虫黄藻密度的降低（表 2.1）。因此，珊瑚宿主内部存在虫黄藻的降解过程（图 2.3）。Titlyanov 等（1996）报道了珊瑚宿主可以消化它们的藻类共生体，这一现象也在海葵（*Phyllactis flosculi*）（Steele and Goreau，1977）、砗磲（Fankboner，1971）和海洋水螅虫（*Myrionema amboinense*）（Fitt and Cook，1990）中存在。该研究还发现，珊瑚和水体中均存在大量皱缩的虫黄藻。细胞质收缩和色素减少的虫黄藻已见于热胁迫下的珊瑚（FukaboriY，1998）和正常条件下的表孔珊瑚（Titlyanov and Titlyanova et al., 1996；Papina and Meziane et al., 2007）、萼形柱珊瑚（Titlyanov and Titlyanova et al., 1996；Kuroki and Woesik，1999；Titlyanov and Titlyanova et al., 2001）、丛生盔形珊瑚（Bhagool and Hidaka，2002）、石松鹿角珊瑚（*Acropora selago*）、美丽轴孔珊瑚（*Acropora muricata*）、辐形太阳葦珊瑚、埃氏杯形珊瑚、棘状梳葦珊瑚、网锐孔珊瑚（*Oxypora lacera*）和鹿角杯形珊瑚（Fujis and Yamashit et al., 2013）。尽管已经证实这些虫黄藻能够被珊瑚分（Titlyano and Titlyanov et al., 1998；Down and Kramarskywinte et al., 2009；Down and Mcdougal et al., 2013），但对藻细胞皱缩的机制尚不清楚，需要进一步研究。

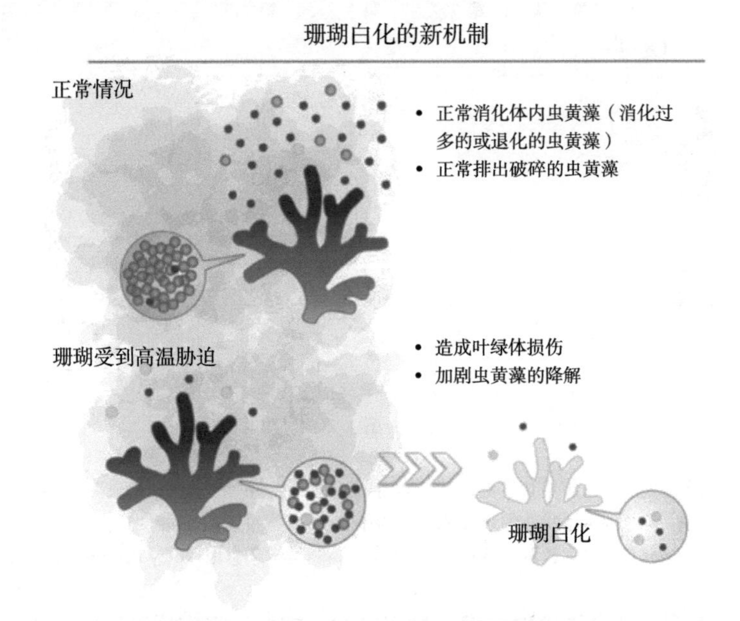

图 2.3　通过计数和观察虫黄藻的排出和保留情况来揭示珊瑚白化的新观点

2.1.3　环烯醇导致皱缩虫黄藻的形成

从 27℃培养容器的海水中收集皱缩的虫黄藻，并与从珊瑚组织中收集的健康虫黄藻进行色素比较，发现皱缩和健康虫黄藻色素洗脱曲线如图 2.4 所示。其中，7 个峰值仅出现在皱缩虫黄藻占优势的样品中：脱镁叶绿素 *a* 和与它类似的色素（17.05 分钟的保留时间）、类多甲藻素的色素（22.33 分钟和 22.69 分钟）、类硅甲藻色素的色素（27.76 分钟）、叶绿素的一种类型（31.03 分钟）、类异黄素的色素（32.13 分钟）和焦脱镁叶绿素 *a*（39.93 分钟）。与 Goericke（2000）报道一致，在 31.03 分钟的保留时间处有一个可以观察到的色素峰，在 686 nm（红光带）具有最大吸收峰。该色素（从虫黄藻中提取）的吸收光谱与 13^2,17^3-cyclopheophorbide *a* enol（环烯醇，*c*PPB-*a*E）的标准吸收光谱几乎完全一致。因此，提取的色素被鉴定为环烯醇（根据保留时间和吸收光谱）。珊瑚经高温胁迫 4 天后，其虫黄藻细胞数量下降（表 2.1），但叶绿素 *a*、多甲藻素和叶绿素 c_2 的浓度未发生显著变化（图 2.5）。被排出虫黄藻的色素含量如图 2.6 所示。其中，叶绿素 *a* 和叶绿素 c_2 的浓度在 27℃和 32℃两个温度条件下都比较低。环烯醇是在 27℃条件下从珊瑚排出的虫黄藻中提取的最丰富的色素（图 2.6），而排出的虫黄藻中皱缩藻细胞的数量超过了健康细胞的数量（图 2.4）。

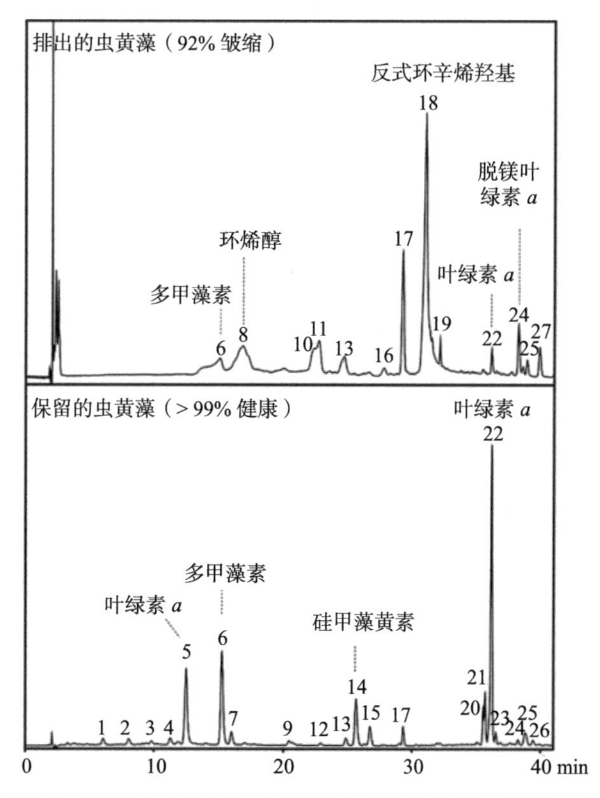

图 2.4　在 27℃实验开始时，珊瑚排出虫黄藻（上）和保留虫黄藻（下）的洗脱曲线。［由 Suzuki 等（2015）通过 John Wiley & Sons Ltd 允许转载，版权 ©2014 作者。藻类学杂志由 Wiley Periodicals，Inc 出版］

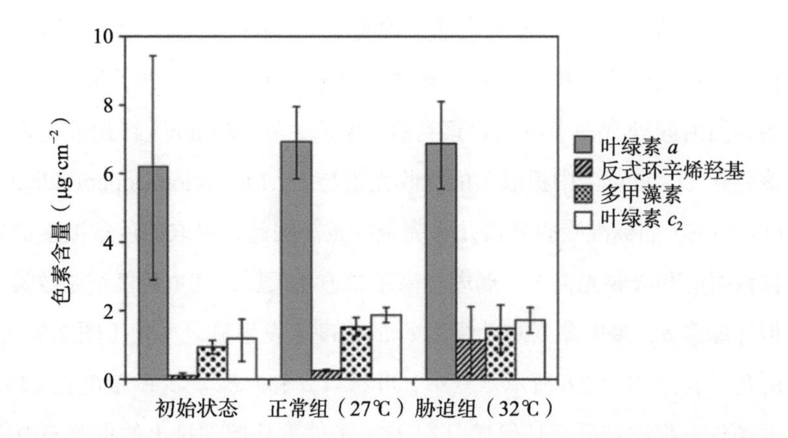

图 2.5　保留虫黄藻的初始色素含量与在 27℃和 32℃下培养 4 天后的比较。色素含量被标准化为珊瑚断枝的表面积，值为平均值 ± 标准偏差（$n=9$）［由 Suzuki 等（2015）通过 John Wiley & Sons Ltd 允许转载，版权 ©2014 作者。藻类学杂志由 Wiley Periodicals，Inc 出版］

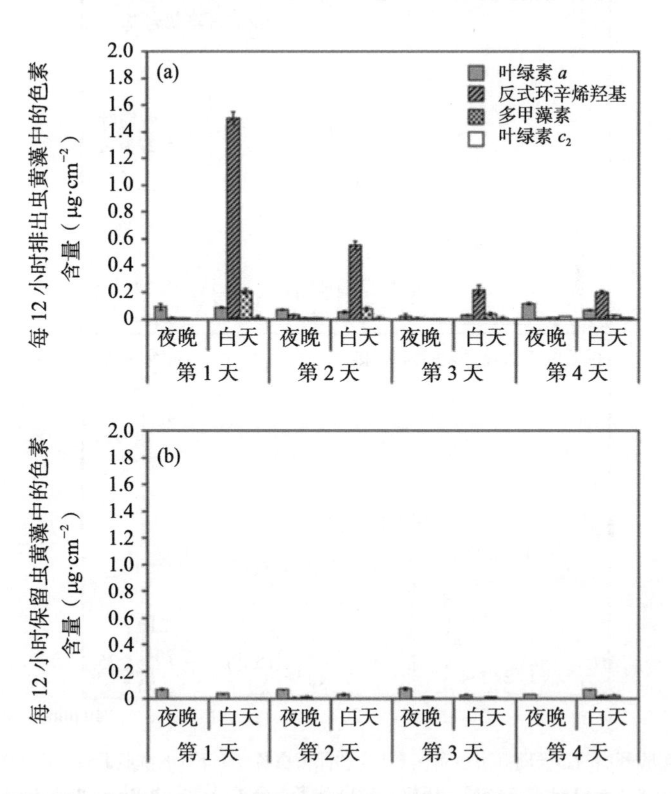

图 2.6　在 12 小时光周期下培养 4 天后，珊瑚断枝排出的虫黄藻的色素组成。图（a）为 27℃，图（b）为 32℃。值为平均值 ± 标准偏差（$n=3$）。［由 Suzuki 等（2015）通过 John Wiley & Sons Ltd 允许转载，版权 ©2014 作者。藻类学杂志由 Wiley Periodicals，Inc 出版］

环烯醇是浮游植物中叶绿素 *a* 的降解产物（Kashiyama and Yokoyama et al., 2012），通常存在于水生环境中，如海洋和湖泊沉积物（Chillier and Gülaça et al., 1993；Harris and Pearce et al., 1995；Ocampo and Sach et al., 1999；Louda and Loit et al., 2000）、海绵（Karuso and Bergquist et al., 1986）、双壳类（Sakata et al., 1990；Yamamoto et al., 1992；Watanabe et al., 1993；Louda and Neto et al., 2008）和原生动物（Goerick and Bell，2000）。Kashiyama（2012，2013）研究发现，原生动物摄食和消化微藻时产生环烯醇（由焦脱镁叶绿素 *a* 生成），一些浮游植物也能够产生环烯醇（Kashiyama and Tamiaki，2014）。Yamada（2013）也报道了从珊瑚中分离并培养至稳定期的虫黄藻能够产生少量的环烯醇。研究发现，从皱缩虫黄藻的提取物中检测到环烯醇和焦脱镁叶绿素 *a*，说明叶绿素 *a* 可能通过降解途径产生环烯醇，从而导致皱缩虫黄藻的形成。

珊瑚组织内共生虫黄藻的降解机制仍然未知，目前倾向于认为该过程是避免活性氧（ROS）生成的解毒策略。破碎叶绿体释放的游离叶绿素 *a* 在光暴露时变成单线态氧的生产者，从而促进 ROS 的形成，并导致细胞结构的严重破坏（Perl-Treves and Perl，2002）。环烯醇与叶绿素 *a* 的不同之处在于它不具荧光，因此不形成 ROS（Kashiyama and Yokoyama et al., 2012；Kashiyama and Yokoyama et al., 2013）。以微藻为食的原生动物具有透明的身体，白天光暴露时这些生物体能通过降解游离叶绿素 *a* 为非荧光性的环烯醇来解毒（Kashiyama and Yokoyama et al., 2012；Kashiyama and Yokoyama et al., 2013）。皱缩共生虫黄藻细胞中的红色荧光色素体大量消失（图 2.1g、h）。Kashiyama 等（2012）也观察到类似的实验现象，被原生动物捕食的硅藻色素体收缩，且色素体荧光消失，这种荧光的损失可能表明 ROS 不是由受损色素体释放的叶绿素产生的。珊瑚水螅体也有透明的身体，并与虫黄藻共生，因此它们总是暴露于由 ROS 氧化应激引起的潜在损伤中（Lesser and Stochaj et al., 1990；Dykens and Shick et al., 1992；Downs and Fauth et al., 2002）。随着紫外辐射和水温的升高，氧化损伤变得更严（Lesser and Stochaj et al., 1990），此外，受损色素体在热胁迫期间难以修复，进一步增加了 ROS 的生成（Bhagooli and Hidaka，2006）。研究认为，珊瑚和虫黄藻采用草食性原生生物和浮游植物相似的解毒策略，即将叶绿素 *a* 降解为环烯醇。此外，由藻降解和白化引起的共生虫黄藻数量减少可能成为珊瑚降低 ROS 产生的重要机制（图 2.7），因此珊瑚白化是珊瑚应对氧化损伤的生存策略及生理机制。

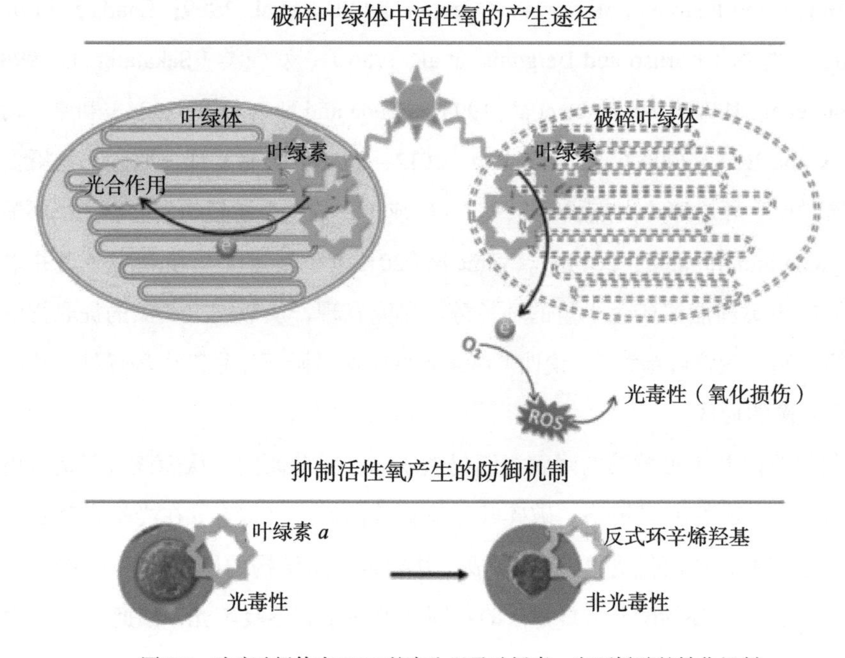

图 2.7　破碎叶绿体中 ROS 的产生以及叶绿素 *a* 向环烯醇的转化机制

2.1.4　环烯醇避免氧化压力的生理机制

在常温（27℃）和热胁迫（32℃）下的珊瑚中检查虫黄藻的形态和色素组成，观察到几种正常和异常形态的共生虫黄藻，包括健康虫黄藻（具有正常展开的色素体）、皱缩虫黄藻（具有破碎，变暗和缩小的色素体）和白化虫黄藻（具有变淡或者无色的色素体）。在常温下，大多数健康的虫黄藻被保留在珊瑚组织中，而皱缩虫黄藻被排出；在热胁迫下，健康虫黄藻的丰度下降，皱缩 / 异常虫黄藻的比例增加。在皱缩虫黄藻中，检测到一种通常在健康虫黄藻中不存在的类叶绿素色素，其吸收光谱、吸收最大值和保留时间的分析结果表明该色素是 $13^2,17^3$-cyclopheophorbide *a* enol（环烯醇，*c*PPB-*a*E），其通常存在于海洋和湖泊沉积物中以及在原生动物摄食的浮游植物中。收缩虫黄藻产生的环烯醇表明，色素体已经降解为环烯醇，它是一种没有荧光的化合物。缺乏荧光功能阻止了活性氧类的形成，因此研究认为，皱缩虫黄藻形成环烯醇是避免氧化压力的生理机制。

2.2 表孔珊瑚在热应力和致病菌协同作用下白化研究

2.2.1 珊瑚白化类型概述

珊瑚是一个包括宿主、内共生藻、原核生物（细菌和古细菌）、真菌和病毒在内的复杂共生系统。虽然目前还未完全了解上述微生物与珊瑚的相互作用，但它们通过相互提供必需的营养物质（Agostini and Suzuki et al., 2009）和防御潜在的病原体来共同维持珊瑚的健康（Ritchie，2006）。Rosenberg（2007）研究分析了这些微生物在维持珊瑚健康方面潜在的作用，并在文献中报道了相关原核生物的有利作用。但是，越来越多的证据表明，珊瑚病原体的存在可以导致严重的疾病，甚至造成珊瑚死亡。地中海珊瑚（*Oculina patagonica*）的白化已被证明是由施罗氏弧菌（*Vibrio shiloi*）造成的（Kushmaro and Rosenberg et al., 1997）；鹿角杯形珊瑚的白化是由溶珊瑚弧菌（*Vibrio coralliilyticus*）引起的（Ben-Haim et al., 2003）。此外，珊瑚白化事件后伴随着较高的珊瑚疾病发生率（Muller and Rogers et al., 2007），这些可归因于珊瑚白化期间共附生微生物群落发生变化（Bourne and Iida et al., 2008）。此外，高温胁迫下珊瑚的新陈代谢发生改变，特别是初级生产力出现减弱（Fujimura and Higuchi et al., 2008），黏液和氨释放减少（Suzuki and Casareto，2011）。因此，应该研究高温海水和潜在病原体对珊瑚代谢的影响，以了解这两种胁迫的协同效应以及从高温诱导的珊瑚白化事件到细菌 / 高温引起的白化事件的顺序和它们之间的差异。热胁迫引发的白化破坏了珊瑚的代谢功能，削弱了珊瑚的抵抗力，并导致病原体侵染珊瑚宿主。图 2.8 通过对健康珊瑚进行实验，阐明了珊瑚白化的 3 种可能方式。相关实验结果揭示：白化的初始阶段已经影响珊瑚和 / 或相关虫黄藻的一些代谢功能，随后出现肉眼可见的白化和严重受损的组织坏死，最终导致珊瑚死亡。以下列举了典型的珊瑚白化类型。

（a）如果热胁迫停止，热胁迫导致的白化珊瑚在相对较长时间内可能恢复健康。

（b）微生物介导的白化（适用于研究由溶珊瑚弧菌引发的鹿角杯形珊瑚白化）几乎是不可逆转的，并且在短时间内将造成珊瑚死亡。

（c）热胁迫和病原菌感染的协同作用：这一过程是热白化珊瑚受到病原菌感染。一旦热胁迫引起珊瑚代谢改变，可能导致珊瑚变脆弱，从而促进了条件致病菌的感染。

本研究尝试描述（c）类型，即热胁迫与病原菌协同作用的珊瑚白化类型。

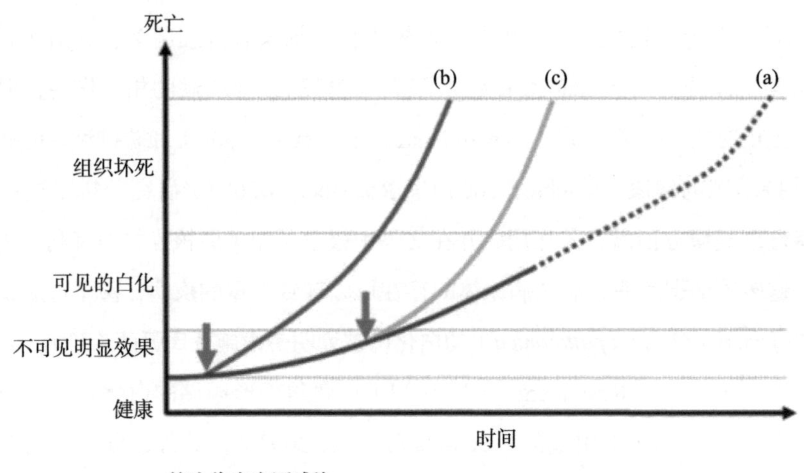

箭头代表病原感染

散点线表示的是高温胁迫停止后白化珊瑚的恢复阶段

图 2.8　珊瑚白化的 3 种可能方式

2.2.2　细菌菌株的培育

在混合溶液中培养 5 种细菌，包括溶珊瑚弧菌（AB490821）、哈维氏弧菌（AB490822）、副球孢子菌（AB490820），交替假单胞菌（AB691769）和硫化菌（AB691770）。制备浓度为 5.5×10^5 ~ 1.2×10^6 cells·mL^{-1} 的混合菌液并接种在表孔珊瑚的断枝上，保存在培育容器内（4 个断枝 / 一式三份的容器）。同时，使用浓度为 10^6 cells·mL^{-1} 的菌株进一步验证其致病作用。上述所有细菌均能够在日本冲绳的沿海地区发现。

胁迫实验采用 2 × 2 双因素设计，海水温度设定在 27℃和 32℃，细菌浓度设置为未添加细菌和添加混合细菌，每个处理设置 3 个重复。以 15 mL·min^{-1} 的速率向培育容器提供连续流动的海水，以 12 ∶ 12 小时的光 / 暗周期提供照明。总共准备 30 个玻璃瓶，将其中15个瓶子放在27℃的水浴中，另外15个瓶子置于32℃的水浴中。4天后，在每个温度下选择6组珊瑚进行细菌感染，并保持15 $mL \cdot min^{-1}$ 的总流速。在第0天（初始）、第4天和第8天采集珊瑚样品（用于测代谢组）和水样。在每个温度下取3个平行的珊瑚样品，用于测量光合效率（Fv / Fm），并进行生理分析（共生虫黄藻计数，初级生产力和色素分析）。在每个温度下取样3个平行的海水，用于测量溶解氧和碱度。相同的实验设计用于单种细菌感染。将珊瑚放置于含有细菌（浓度为 10^6 $cells \cdot mL^{-1}$）的32℃海水中培养4天，每种细菌处理均设5个玻璃瓶重复，每个瓶子里放置一个珊瑚断枝。通过测量珊瑚颜色、最大光化学产率（Fv / Fm）和组织坏死来评估珊瑚的生理状态。

2.2.3 细菌对珊瑚的影响及其在珊瑚代谢中的作用

上述胁迫实验进行8天后，共生虫黄藻数目在高温条件下明显减少。27℃下添加细菌，表孔珊瑚中共生虫黄藻的密度没有显著变化；高温和细菌的协同作用下，珊瑚大幅白化。高温胁迫后共生虫黄藻密度减少了大约45%，高温和细菌协同作用后减少了大约70%（图2.9 a ~ f），说明高温和细菌的协同作用对珊瑚白化具有显著影响。在初始时间的对照组（27℃）中，叶绿素 *a* 浓度为2.0 $\mu g \cdot cm^{-2}$，培育8天后略微增加至2.4 $\mu g \cdot cm^{-2}$；加入细菌后，叶绿素 *a* 浓度下降至1.7 $\mu g \cdot cm^{-2}$。高温（32℃）下叶绿素 *a* 浓度亦降低至1.7 $\mu g \cdot cm^{-2}$，高温和细菌的协同作用下加剧降低至1.3 $\mu g \cdot cm^{-2}$。此外，在培育8天后的对照组中，共生虫黄藻叶绿素 *a* 的含量变化范围为4.6 ~ 5.2 $pg \cdot cell^{-1}$，加入细菌的27℃海水组中为3.8 $pg \cdot cell^{-1}$，高温（32℃）胁迫组中增加至6.1 $pg \cdot cell^{-1}$，高温与细菌的协同胁迫组中增加至8.5 $pg \cdot cell^{-1}$。上述结果表明，珊瑚会选择性保留具有完整叶绿体结构的健康虫黄藻，以应对白化事件带来的不利影响（图2.9 d，e）。在高温和细菌的协同作用下，Fv /Fm 显著变化（Heat Sensing Device，HSD，$P < 0.05$）（图2.9 f），双因素方差分析表明高温胁迫8天会影响其最大光合产量（$P = 0.003$），高温和细菌协同胁迫后Fv/Fm显著低于其他处理。在32℃和27℃下分别添加与不添加细菌后，Fv / Fm 的平均值依次为（0.57 ± 0.02）、（0.67 ± 0.05）、（0.77 ± 0.02）和（0.74 ± 0.04）。因此，在高温和细菌的协同作用下，珊瑚光合效率降低约25%。

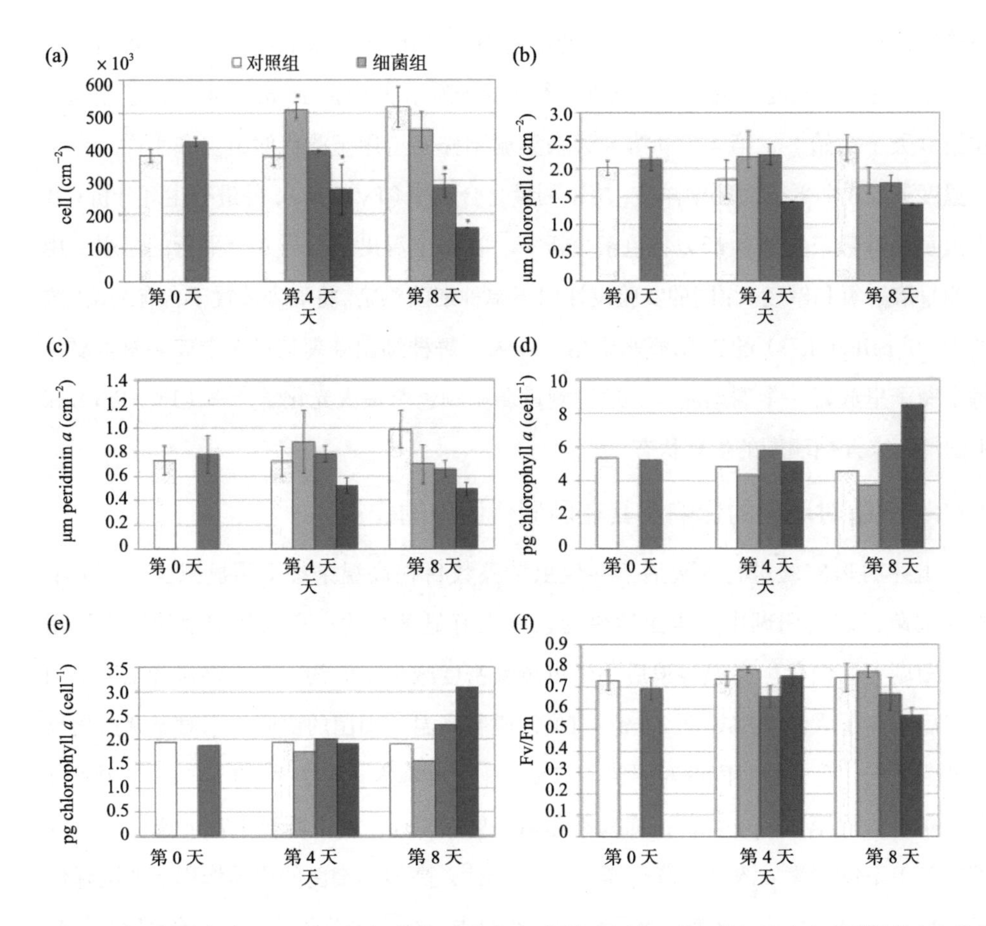

图 2.9　在不同温度（27℃，32℃）和不同细菌浓度（不添加和添加 5 种细菌）下（a）珊瑚的共生虫黄藻密度、（b）叶绿素 *a* 含量、（c）多甲藻素含量、（d）每个虫黄藻细胞的叶绿素 *a*、（e）每个虫黄藻细胞多甲藻素和（f）最大光合效率（Fv/Fm）的时序变化。上述各值为平均值 ± SE（每次处理 $n = 3$）。根据 Tukey-Kramer HSD 检验，与对照相比 $^*P < 0.05$

同时，高温（32℃）和细菌的协同作用对珊瑚的初级生产速率有显著影响（图 2.10a）。初级生产力的初始值是（1.03 ± 0.06）$\mu g\cdot cm^{-2}\cdot h^{-1}$（以碳计）；在高温下，初级生产力降低 28%，至（0.74 ± 0.04）$\mu g\cdot cm^{-2}\cdot h^{-1}$（以碳计）（HSD，$P < 0.05$）；高温和细菌的协同作用抑制了约 66 % 的初级生产力（HSD，$P < 0.05$），其下降至（0.35 ± 0.10）$\mu g\cdot cm^{-2}\cdot h^{-1}$（以碳计）。在高温下，表孔珊瑚的呼吸速率比对照组（27℃）增加了约 30%（图 2.10b），高温下，添加和未添加细菌组的珊瑚呼吸速率分别为

（0.50 ± 0.03）$\mu mol \cdot cm^{-2} \cdot h^{-1}$（以氧计）和（0.49 ± 0.01）$\mu mol \cdot cm^{-2} \cdot h^{-1}$（以氧计），表明细菌的添加没有影响常温和高温下珊瑚的呼吸速率。呼吸作用反映了宿主的代谢水平，也在一定程度上反映了虫黄藻的代谢能力，并且遵循与光合作用类似的变化模式，但幅度较小且方向相反。实验表明，珊瑚呼吸速率较高可能归因于更高的能量需求以修复由温度胁迫造成的生理损害。

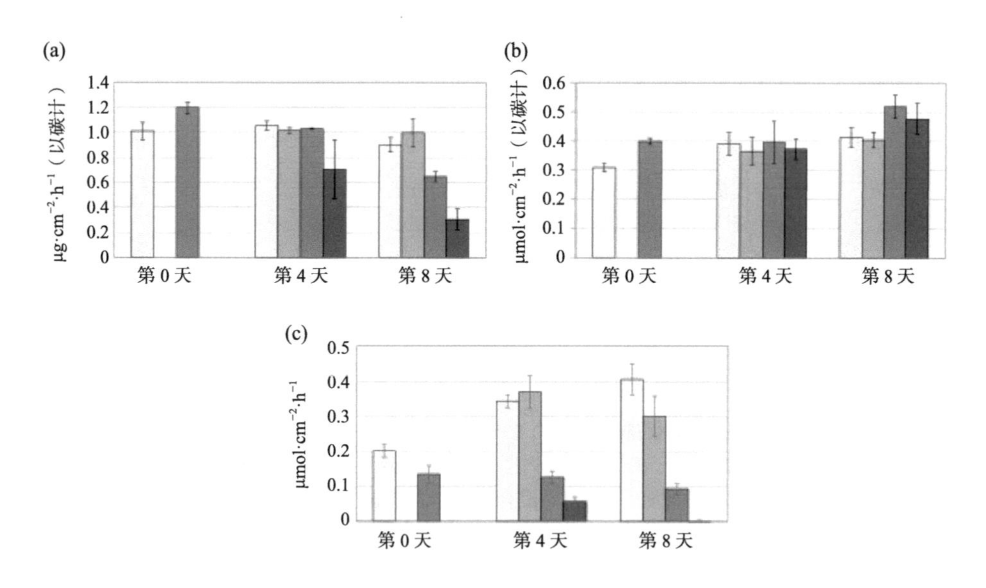

图 2.10 （a）初级生产、（b）呼吸作用和（c）钙化作用在两个温度（27℃与 32℃）和两种细菌浓度（不添加和添加 5 种细菌）下的变化。上述各值为平均值 ± SE（$n = 3$）。根据 Tukey-Kramer HSD 检验，与对照相比 $^*P < 0.05$

在常温（27℃）下添加细菌，珊瑚的钙化速率没有显著变化（图 2.10c）。常温下的钙化速率为（0.41 ± 0.05）$\mu mol \cdot cm^{-2} \cdot h^{-1}$，添加细菌后的速率为（0.30 ± 0.06）$\mu mol \cdot cm^{-2} \cdot h^{-1}$。然而，高温胁迫显著抑制了珊瑚的钙化速率（$P < 0.001$），在高温（32℃）下降低至（0.09 ± 0.02）$\mu mol \cdot cm^{-2} \cdot h^{-1}$，降低约 77 %（HSD，$P < 0.05$）；高温和细菌的协同作用降低了约 101% 的珊瑚钙化速率（HSD，$P < 0.05$），即珊瑚的碳酸钙骨骼被溶解［（−0.01 ± 0.01）$\mu mol \cdot cm^{-2} \cdot h^{-1}$］。

对于添加单种细菌的处理，将断枝分别置于有溶珊瑚弧菌、哈维氏弧菌、副球孢子菌和交替假单胞菌的 32℃海水中培育，培育 4 天后珊瑚断枝没有明显变化，与

图 2.11a 和图 2.11b 所示的分枝一样健康，且 Fv / Fm 相对稳定，5 个重复均保持原始的颜色和水螅体的展开状态。然而，硫化菌（*Sulfitobacter* sp.）处理下的断枝在 32℃下显示出严重白化和一些组织坏死的迹象（图 2.11e），相比于对照组，Fv / Fm 比值降低约 24 %。

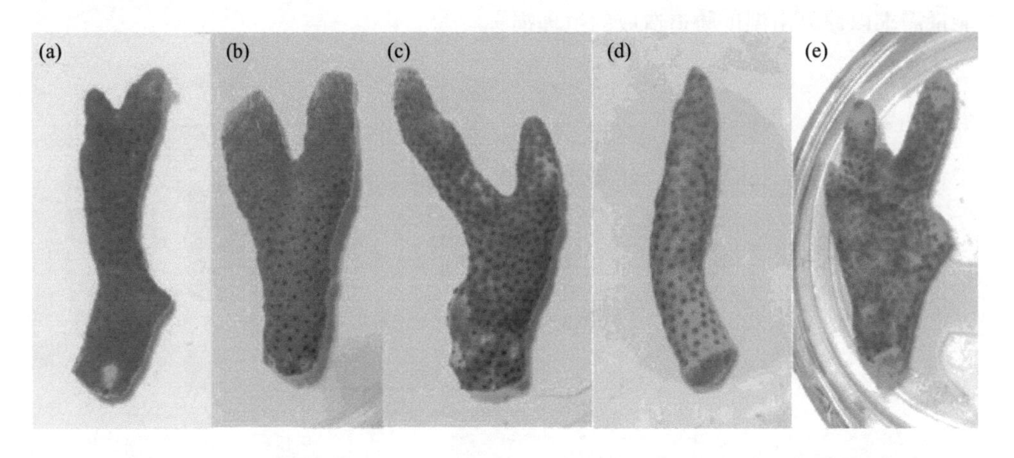

图 2.11　不同条件胁迫后表孔珊瑚的照片。（a）27℃下不添加细菌；（b）27℃下添加 5 种混合细菌（溶珊瑚弧菌、哈维氏弧菌、副球孢子菌，交替假单胞菌属和硫化菌）；（c）在 32℃下不添加细菌；（d）在 32℃条件下加入上述 5 种混合细菌；（e）在 32℃下添加硫化菌

2.2.4　热胁迫和病原体协同作用下珊瑚的白化机制

在仅有硫化菌的 32℃海水中培养 4 天会导致表孔珊瑚发生严重白化，其他菌株在高温下没有引起珊瑚的明显变化。然而，已有研究表明溶珊瑚弧菌（Ben-Haim et al., 2003；Sussman et al., 2008）、副球孢子菌（Casareto，pers. comm.）和哈维氏弧菌（Gomez-Gil et al., 2004；Sutherland et al., 2004）均为珊瑚致病菌。在高温胁迫下，上述 3 种细菌单独感染可能没有造成珊瑚白化。在高温胁迫与上述 5 种细菌的混合感染下珊瑚出现损伤，而与硫化菌的单独感染下珊瑚出现色素明显受损和一些组织坏死的情况，可理解为珊瑚白化后更进一步的破坏阶段。

在仅有硫化菌的 32℃海水中，珊瑚损伤最为严重。在只有高温胁迫而没有细菌感染下，观察到珊瑚仅有中等程度的色素减少，且没有组织坏死的迹象。常温下 5 种细菌的混合感染对珊瑚几乎没有任何影响。因此，硫化菌或者混合细菌只有在高温时才会引起珊瑚损伤。这种现象可能归因于两种不同的机制：细菌仅在高温（32℃）下产生一些毒力因子，如地中海珊瑚 / 珊瑚病原体弧菌模型（Rosenberg and Falkovitz，2004），或者珊瑚免疫应答能力在高温胁迫下被削弱，从而给这些细菌的侵染创造了机会（Mylardz and Couch et al., 2009）。因此，细菌作为珊瑚白化的促进剂在高温胁迫下尤为显著。

在短时间内，中等程度的高温胁迫可能对珊瑚没有显著的影响；如果温度恢复到正常水平，珊瑚很可能从白化中恢复。在正常温度下，细菌不影响珊瑚新陈代谢，且不造成白化；然而，在高温下，细菌能降低珊瑚的光合作用和钙化速率，从而导致严重白化，表明病原菌可能对高温胁迫下的珊瑚产生明显的不利影响。但是，在高温胁迫下添加细菌不会提高珊瑚的呼吸速率。在被测试的细菌中，硫化菌能够增强和加速珊瑚白化。本实验用到的细菌分离自白化珊瑚或其周围海水。如果这些细菌数量在珊瑚礁区内增加，可能严重威胁着频繁处于热压力区域的珊瑚礁健康。综上所述，本研究证实高温白化能够破坏珊瑚的新陈代谢，降低珊瑚的免疫应答能力并造成细菌入侵宿主；细菌对珊瑚宿主的侵染进一步加速了珊瑚白化，这可能涉及共生虫黄藻的减少和代谢过程的变化。在与气候变化相联系的各种环境变化的综合影响下，如海水温度和水质变化导致礁区水体中病原菌数量增加，这些因素诱发的一系列不利事件（次生灾害）已经变得相当普遍。在实验中使用表孔珊瑚和预先分离的 5 种细菌（溶珊瑚弧菌、哈维氏弧菌、副球孢子菌、交替假单胞菌和硫化菌）验证了上述假说。此外，高温和细菌的协同作用加剧了珊瑚白化。与对照组相比，协同处理下的共生虫黄藻密度降低了 70%，光合效率（Fv/Fm）降低了 25 %，光合作用降低了 66 %，钙化活性降低了 101 %，在缺乏免疫力的断枝中观察到组织坏死。在所检测的细菌中，硫化菌在高温胁迫下更显著地加速了珊瑚的白化进程。

2.3 鹿角杯形珊瑚在高温胁迫和硝酸盐富集协同作用下的白化机制

2.3.1 高温胁迫和营养盐富集概述

珊瑚礁是生物多样性最高的海洋生态系统，栖息着全球约四分之一的海洋生物，并为沿海居民提供重要的商品和服务，包括旅游、渔业和建筑材料制造等（Hughes and Baird et al., 2003；Hoegh-Guldberg and Mumby et al., 2007）。珊瑚礁通常位于寡营养海域，但却能够维系极高的生产力。珊瑚礁水体的营养盐主要由 0.6 μmol·L^{-1} 硝酸盐（NO_3^-）和 0.2 μmol·L^{-1} 磷酸盐（PO_4^{3-}）组成，是该海域生物生存的主要营养源（Kleypas，1994）。珊瑚在寡营养海域的繁盛得益于它们和虫黄藻（光合自养性鞭毛藻）的共生（Muscatine，1990）。在这个关系中，珊瑚宿主获得来自共生虫黄藻的光合有机产物，以满足基本生理过程的物质与能量需求，例如，呼吸作用、组织生长和钙化作用（Muscatine，1990）。如果这个共生关系遭到破坏，会造成藻类细胞和 / 或色素丢失，最终将导致珊瑚白化（Hoegh-Guldberg，1999；Douglas，2003；Hughes and Baird et al., 2003；Suzuki and Casareto et al., 2015）。目前，已经发现了几种能导致珊瑚白化的环境变化，如上升的表层海水温度、强光照、较差的水质和细菌感染等（Hoegh-Guldberg，1999；Fitt and Brown et al., 2001；Douglas，2003；Higuchi and Agostini et al., 2013）。此外，污水排放、固体物污染和农业污染等造成海洋生态系统中营养物质过量输入，为大型藻类快速生长提供了有利条件，从而改变了珊瑚礁生态系统优势种群的组成（Birkeland，1987；Stimson and Larned et al., 2001；Fabricius，2004）。然而，由于宿主－共生体关系的复杂性，高温和营养盐富集对珊瑚的影响尚未明确。研究进一步表明，区域营养盐富集对珊瑚生理没有不利影响，环境中含氮营养盐的可获得性会导致虫黄藻密度增加，似乎表明珊瑚能够存活于高营养盐海域中（Muscatine et al., 1989；Atkinson and Carlson et al., 1995；Marubini and Davies，1996；Bongiorni and Shafir et al., 2003；Szmant，2002；Fabricius，2005；Agostini and Suzuki et al., 2012）。然而，最近的研究也表明，人类活动排放的营养盐将导致海洋营养失衡，并造成磷酸盐等其他营养物质无法被利用（Parkhill and Maillet et al., 2001；Fabricius，2005；Wiedenmann and D’Angelo et al., 2012），这可能导致有机共生体的磷酸盐缺乏，引起最大光量子产量（Fv/Fm）的降低，使珊瑚更易白化（Parkhill and Maillet et al., 2001；Wiedenmann and D’Angelo et al., 2012）。

尽管珊瑚对高温和硝酸盐富集的响应已被广泛研究，但对胁迫后这些珊瑚的恢复了解甚少。因此，实验测量了光系统Ⅱ最大光化学量子产量（Fv/Fm）和最大激发能压力（Qm），并同步分析了共生虫黄藻的色素含量，以揭示高温和硝酸盐富集对鹿角杯形珊瑚的影响以及珊瑚共生体从压力中恢复的能力。

2.3.2 珊瑚应对高温胁迫和硝酸盐富集的实验设计

低潮期间，在日本冲绳濑底海滩（26°38′N 127°51′E）1 ~ 3 m 的深度采集鹿角杯形珊瑚（n = 32）的断枝。在具有流动海水和太阳光照的水缸中暂养 3 天后，将收集的珊瑚断枝放入室温条件下的 800 mL 培育容器中，采用蠕动泵向容器中加入过滤海水，并使用搅拌器加快水体流动（Fujimura and Higuchi et al., 2008）。

在不同的海水温度和硝酸盐富集水平下培养鹿角杯形珊瑚（n = 2），研究高温和硝酸盐对珊瑚白化的复合效应。将珊瑚断枝置于 32℃过滤海水中，加入终浓度为 10 $\mu mol \cdot L^{-1}$ 的硝酸盐，进行高温高硝酸盐胁迫（HN32）实验；对照组（AN27）的温度维持在 27℃，并持续加入不添加硝酸盐的过滤海水；分别设置高温（AN32）和高硝酸盐（HN27）条件的相应实验组，评估它们对珊瑚的生理影响。光照强度保持在 200 $\mu mol \cdot m^{-2} \cdot s^{-1}$，光周期为 12 小时光照和 12 小时黑暗。高温高硝酸盐胁迫 2 天，然后在正常温度和硝酸盐浓度下恢复 2 天，分别测量了 PAM 数据、叶绿素 a、色素和虫黄藻密度等化学与生物指标，用于评估高温胁迫下高营养盐对珊瑚共生体的影响。

2.3.3 高温胁迫下硝酸盐富集对珊瑚的生理影响

在不同的培养条件下，鹿角杯形珊瑚中共生虫黄藻的 PS Ⅱ光化学效率（Fv/Fm）发生了变化。与对照组（AN27）相比，高温组（AN32）、高硝酸盐组（HN27）及高温高硝酸盐组（HN32）中共生虫黄藻的 Fv/ Fm 在胁迫 48 小时后显著降低。在正常温度和硝酸盐浓度下恢复的第 1 天，只有高硝酸盐组（HN27）中共生虫黄藻的 Fv/ Fm 几乎完全恢复，而高温组（AN32）和高温高硝酸盐组（HN32）仍然较低；在恢复 2 天后，高温高硝酸盐组的共生虫黄藻 Fv/Fm（0.522 ± 0.014；n = 2）仍显著低于对照组（0.625 ± 0.033；n = 2），其他实验组的共生虫黄藻 Fv/Fm 得到很好地恢复（图 2.12）。

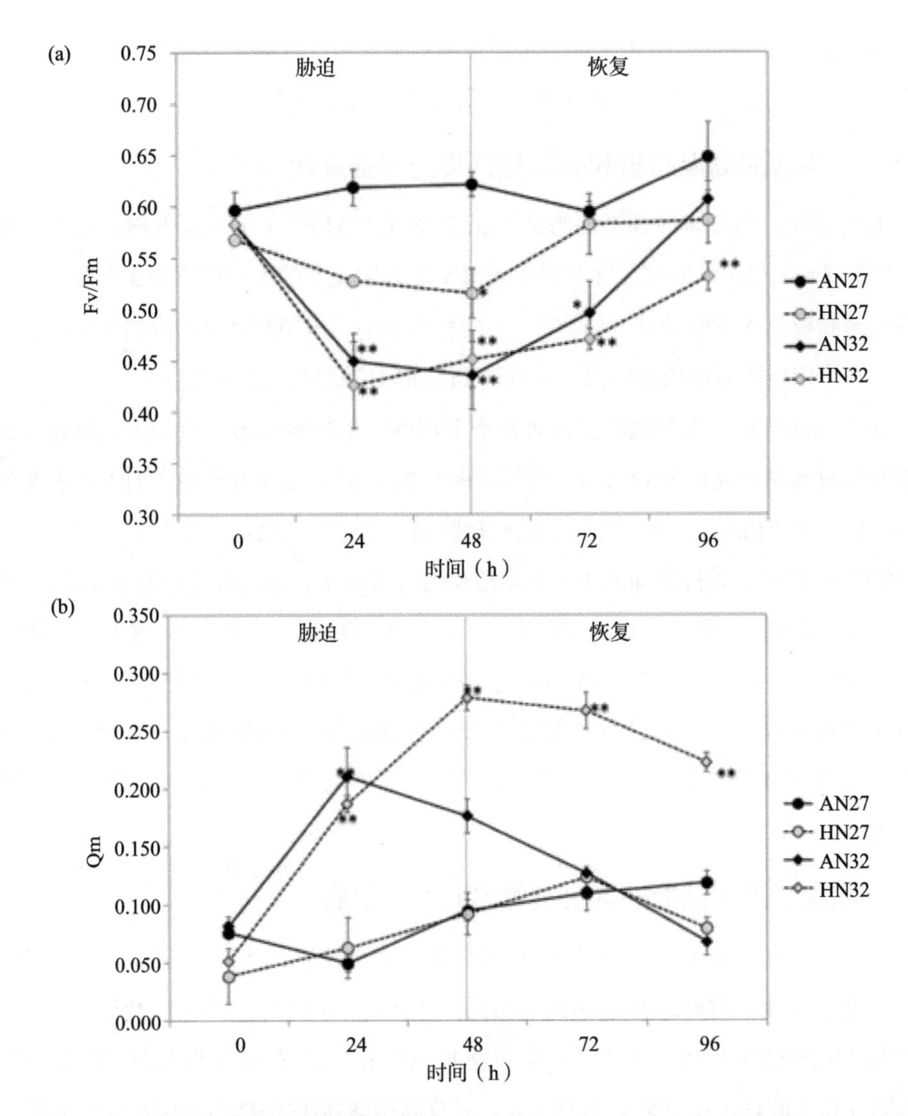

图 2.12 （a）珊瑚在胁迫和恢复阶段的最大光量子产量变化。（b）珊瑚在胁迫和恢复期 PS Ⅱ的最大激发压力变化。在培养期间使用不同的温度和硝酸盐水平：27℃下正常硝酸盐浓度（AN27），27℃下高硝酸盐浓度（HN27），32℃下正常硝酸盐浓度（AN32），32℃下高硝酸盐浓度（HN32）。进行三因素方差分析检验，然后采用 Tukey HSD 事后检验与对照组（AN27）进行比较。星号表示显著差异（* $P < 0.05$，** $P < 0.01$），误差棒表示与平均值的标准差（$n = 2$）

经过胁迫和恢复后，不同培养条件下共生虫黄藻的密度不同。在 2 天的胁迫期后，高温组（AN32）、高硝酸盐组（HN27）及高温高硝酸盐组（HN32）中共生虫黄藻密度显著低于对照组（AN27）（图 2.13）。在恢复阶段，高温组和高温高硝酸盐组中共生虫黄藻密度增加，且高温高硝酸盐组显著高于对照组（图 2.13）。与胁迫后的共生虫黄藻密度进行比较，恢复后的高温组和高温高硝酸盐组中共生虫黄藻密度分别增加了 88% 与 150%。高硝酸盐组的珊瑚经过恢复期后，共生虫黄藻密度仅增加了 11 %，仍然显著低于对照组。

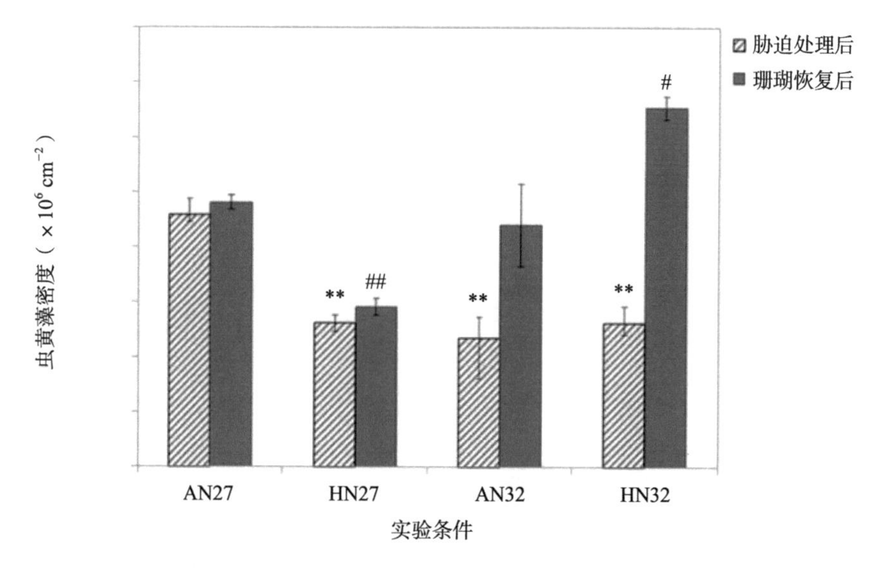

图 2.13　经过胁迫和恢复后，鹿角杯形珊瑚中共生虫黄藻密度的变化。珊瑚分别培养于 27℃下正常硝酸盐浓度（AN27），27℃下高硝酸盐浓度（HN27），32℃下正常硝酸盐浓度（AN32）和 32℃下高硝酸盐（HN32）浓度的海水中。采用三因素方差分析和 Tukey HSD 检验实验组与对照组的显著差异。* 和 # 分别表示胁迫和恢复期与对照组存在显著差异（* $P < 0.05$，** $P < 0.01$；# $P < 0.05$，## $P < 0.01$），误差棒表示平均值的标准差（$n = 2$）

虫黄藻的光合色素包括叶绿素 *a* 和多甲藻素。叶绿素 *a* 存在于与珊瑚相关的外生和内生藻类中。与之相反，多甲藻素是虫黄藻特有的，因此可以更准确地反应虫黄藻中的色素变化。在整个实验期间，每个共生虫黄藻的叶绿素 *a* 和多甲藻素含量都具有相似的变化趋势。胁迫后，所有实验条件下，虫黄藻的叶绿素 *a* 和多甲藻素含量均没有发生显著变化（图 2.14a 和图 2.14b）。恢复后，与对照组相比，高温高硝酸盐组中每个共生虫黄藻的叶绿素 *a* 和多甲藻素含量都明显降低，分别降低了 44% 和 46%。

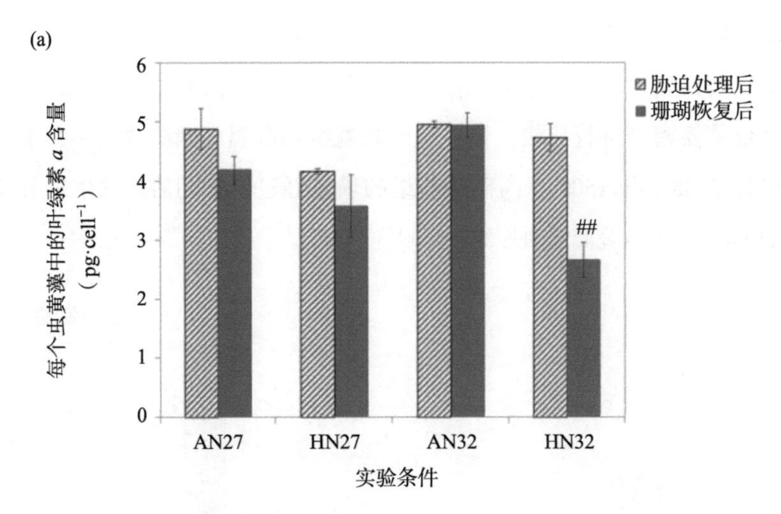

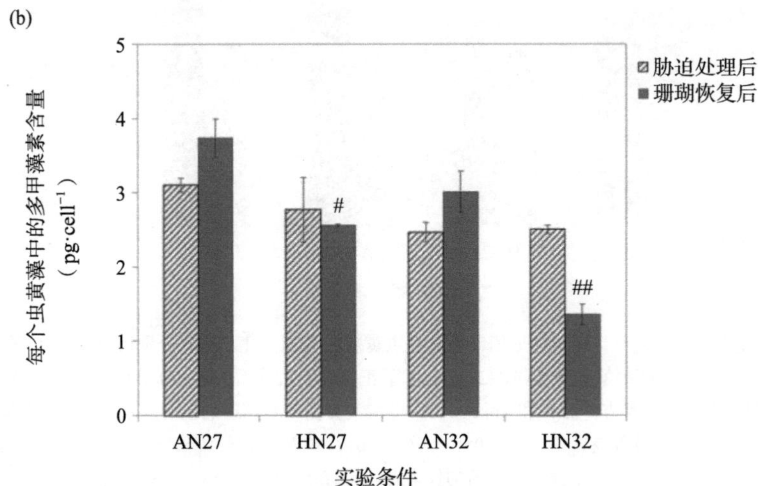

图 2.14　胁迫和恢复后，珊瑚中共生虫黄藻的色素含量变化。监测不同培养条件下每个虫黄藻的叶绿素 *a*（a）和多甲藻素含量（b）：27℃下正常硝酸盐浓度（AN27）、27℃下高硝酸盐浓度（HN27）、32℃下正常硝酸盐浓度（AN32）、32℃下高硝酸盐浓度（HN32）。采用三因素方差分析和 Tukey HSD 检验色素含量的显著变化。# 表示恢复期与对照组存在显著差异（# $P < 0.05$，## $P < 0.01$），误差棒表示平均值的标准差（$n = 2$）

2.3.4　高温高硝酸盐胁迫珊瑚的生理机制

所有胁迫条件下鹿角杯形珊瑚的共生虫黄藻密度与对照组相比都显著下降（图 2.13），但每个虫黄藻的叶绿素 *a* 和多甲藻素含量变化相对较小（图 2.14a 和图 2.14b），表明高温或高硝酸盐胁迫下的珊瑚可能已经释放或消化了受损且不能正常执行功能的虫黄藻。这种机制阻止“不健康”的共生虫黄藻形成过量活性氧（ROS），进而损害宿主和剩余的共生虫黄藻（Warner and Fitt et al., 1999；Lesser and Farrell，2004；Suzuki and Casareto et al., 2014）。与其他研究结果相似的是，硝酸盐富集下没有观察到共生虫黄藻密度的增加（Miller and Yellowlees，1989；Fabricius，2005）。硝酸盐富集可能导致营养盐失衡，造成共生虫黄藻密度降低。在这种情况下，磷酸盐通常成为生长和增殖的限制因素（Miller and Yellowlees，1989）。研究表明，在磷酸盐缺乏的情况下，磷脂酰甘油（PG）过量转化为磺基脂酰二糖基二酰基甘油（SQDG），从而破坏类囊体膜的阴离子环境（Frentzen，2004；Wiedenmann and D'Angelo et al., 2012），这可以解释硝酸盐富集下共生虫黄藻密度的减少（图 2.13）。

整个实验期间的 Fv/Fm 和 Qm 值表明，高温与硝酸盐富集的复合效应可能比单独高温胁迫更严重（图 2.12a 和图 2.12b）。高温组（AN32）和高温高硝酸盐组（HN32）的 Fv/Fm 降低可归因于由光抑制引起的 ROS 增加，这种光抑制对珊瑚宿主和共生虫黄藻都有害（Lesser and Farrell，2004）；但是在胁迫后，高温高硝酸盐组较高的 Qm 表明硝酸盐富集可以增强高温胁迫作用，高温胁迫下高浓度的 NO_3^- 可以促使一氧化氮（NO）生成。以前有关植物硝酸还原酶的研究表明，该酶将 NO_3^- 还原为 NO。除此之外，还发现在高温胁迫期间珊瑚共生体中一氧化氮合成酶（NOS）和 NO 的含量增加（Yamasaki and Sakihama，2000；Trapidorosenthal and Zielke et al., 2005；Perez and Weis，2006）。虫黄藻可以吸收 NO_3^-，通过酶反应将其还原成亚硝酸盐（NO_2^-），最终还原成 NO。虽然 NO 是动物中的天然信号分子，但也是细胞毒性分子，在 ROS 存在的条件下，NO 可以产生高活性过氧亚硝酸盐（$ONOO^-$）（Weis，2008），ROS、NO 和 $ONOO^-$ 的协同作用可能导致虫黄藻的类囊体膜受损，这可能解释了高温高硝酸盐组中共生虫黄藻 Qm 的增加和 Fv/Fm 的降低。

2.3.5 恢复期珊瑚的生理机制

由于胁迫条件不同，珊瑚在恢复期的反应差异极大。对高温组（AN32）和高温高硝酸盐组（HN32）而言，恢复期共生虫黄藻的密度有所增加，但色素含量没有相似的趋势。在高温组，共生虫黄藻密度增加，但每个虫黄藻的叶绿素 *a* 和多甲藻素含量不变；而在高温高硝酸盐组，随着共生虫黄藻密度的增加，每个虫黄藻的叶绿素 *a*

和多甲藻素含量减少。与几乎完全恢复的高温组相比，高温高硝酸盐组中虫黄藻的叶绿素 *a* 含量降低可能是 Fv/Fm 部分恢复的原因，尽管高温高硝酸盐组中虫黄藻密度的增加超过对照组，但较低的色素含量可能阻碍珊瑚的恢复。

通过选择性降解和替换损坏的蛋白质来修复受损的 PS Ⅱ系统，高温胁迫后的珊瑚得以恢复。随着光合效率的上升，珊瑚能够消除高温胁迫带来的负面影响。光合作用效率的提高将产生更多光合产物，应用于恢复受损的 PS Ⅱ系统和健康虫黄藻的增殖，然后将这些能量产物（如甘油和葡萄糖）转移到珊瑚中，满足其呼吸作用（Muscatine and Falkowski et al., 1984；Trench，1993）。在高温组中可以观察到 Fv/Fm 值的良好恢复，而高温高硝酸盐胁迫引起的损害可能阻碍了珊瑚的恢复。ROS、NO 和 $ONOO^-$ 的协同作用不仅可以影响类囊体膜，而且可以直接降解珊瑚宿主和共生虫黄藻的 DNA，进一步导致细胞凋亡（Pacher and Beckman et al., 2007；Weis，2008）。因此，恢复期共生虫黄藻的增殖超过正常情况以补偿损伤。高密度、低叶绿素 *a* 含量的虫黄藻可能有助于珊瑚消除胁迫造成的负面影响，当达到恒定的光合效率时，这些虫黄藻将被更健康的虫黄藻取代。

研究表明，高温高硝酸盐胁迫能够对鹿角杯形珊瑚造成损害。由于珊瑚在胁迫期间发生严重损伤，恢复可能更加困难。温度和硝酸盐浓度的短暂增加可能阻碍珊瑚的恢复，使珊瑚更易受其他环境因子或人为压力的影响。另外，未来实验应注意珊瑚对高温和高硝酸盐环境的适应可能需要更长的暴露时间。

综上所述，人类活动导致的表层海水温度升高和营养物质过量输入是造成世界各地珊瑚白化和死亡的因素之一。此外，这些环境胁迫的协同效应可以加速珊瑚的白化过程和加剧条件致病菌的感染。

本实验研究了海水温度与硝酸盐（NO_3^-）浓度升高对鹿角杯形珊瑚的生理影响以及珊瑚的胁迫后恢复能力。分别将珊瑚断枝置于不同温度（27℃和 32℃）和硝酸盐－浓度（< 1 $\mu mol \cdot L^{-1}$ 和 10 $\mu mol \cdot L^{-1}$）下培养 2 天。在 32℃和 10 $\mu mol\ L^{-1}$ NO_3 下胁迫 2 天，将断枝移至 27℃和正常（< 1 $\mu mol \cdot L^{-1}$）硝酸盐水平中恢复期 2 天。光系统Ⅱ的最大光量子产量（Fv/Fm）和最大激发能压力（Qm）表明高温和硝酸盐富集的协同作用对珊瑚的损害更加严重，珊瑚只有在该条件下表现出不完全的恢复。此外，共生虫黄藻密度和色素含量的变化表明珊瑚断枝在高温或高硝酸盐胁迫下的响应机

制不同。在恢复期，高温和高硝酸盐协同作用下共生虫黄藻密度比对照组高约 0.5 倍，而叶绿素 *a* 含量比对照组低约 0.5 倍。因此，研究表明，高温胁迫下硝酸盐富集加剧了对鹿角杯形珊瑚中共生虫黄藻的损伤，并且胁迫后的共生虫黄藻更加难以恢复。

致谢

衷心感谢琉球大学 Fujroyura 博士、静冈大学 Higuchi 博士及毛里求斯大学 Pramod K. Chumun 博士的合作研究。该项目得到日本教育、文化、体育、科学与技术部门（MEXT）创新领域科学研究中“珊瑚礁科学是人类与生态系统在共同压力下共生共存的科学”（20121003）和日本三菱商事全球珊瑚礁保护项目（GCRCP）基金支持。本文最后感谢日本冲绳濑底岛琉球大学热带生物圈研究中心提供实验室设施及条件。

参考文献

Agostini S, Suzuki Y, Casareto BE, Nakano Y, Hidaka M, Badrun N (2009) Coral symbiotic complex: hypothesis through vitamin B12 for a new evaluation. Galaxea JCRS 11:1–11.

Agostini S, Suzuki Y, Higuchi T, Casareto BE, Yoshinaga K, Nakano Y, Fujimura H (2012) Biological and chemical characteristics of the coral gastric cavity. Coral Reefs 31 (1):147–156.

Atkinson MJ, Carlson B, Crow GL (1995) Coral growth in highnutrient, low-pH seawater: a case study of corals cultured at the Waikiki Aquarium, Honolulu, Hawaii. Coral Reefs 14:215–223.

Bhagooli R, Hidaka M (2003) Comparison of stress susceptibility of in hospite and isolated zooxanthellae among five coral species. J Exp Mar Biol Ecol 291:181–197.

Bhagooli R, Hidaka M (2002) Physiological responses of the coral *Galaxea fascicularis* and its algal symbiont to elevated temperatures. Galaxea JCRS 4:33–42.

Bhagooli R, Hidaka M (2006) Thermal inhibition and recovery of the maximum quantum yield of photosystem II and the maximum electron transport rate in zooxanthellae of a reef-building coral. Galaxea JCRS 8:1–11.

Birkeland C (1987) Nutrient availability as a major determinant of differences among coastal hard-substratum communities in different regions of the tropics. In: Comparison between Atlantic and Pacific tropical marine coastal ecosystems: community structure, ecological processes, and productivity, UNESCO Reports in Marine Science. UNESCO, Paris, pp 45–97.

Bongiorni L, Shafir S, Angel D, Rinkevich B (2003) Survival, growth and gonad development of two hermatypic corals subjected to in situ fish-farm nutrient enrichment. Mar Ecol Prog Ser 253:137–144.

Bourne D, Iida Y, Uthicke S, Smith-Keune C (2008) Changes in coralassociated microbial communities during a bleaching event. ISME J 2:350–363.

Brown BE, Le Tessier MDA, Bythell JC (1995) Mechanisms of bleaching deduced from histological studies of reef corals sampled during a natural bleaching event. Mar Biol 122:655–663.

Chillier XFD, Gulacar FO, Buchs A (1993) A novel sedimentary lacustrine chlorin: characterization and geochemical significance. Chemosphere 27:2103–2110.

Douglas AE (2003) Coral bleaching—how and why? Mar Pollut Bull 46:385–392.

Downs CA, Fauth JE, Halas JC, Dustan P, Bemiss J, Woodley CM (2002) Oxidative stress and seasonal coral bleaching. Free Radic Biol Med 33:533–543.

Downs CA, Kramarsky-Winter E, Martinez J, Kushmaro A, Woodley CM, Loya Y, Ostrander GK (2009) Symbiophagy as a cellular mechanism for coral bleaching. Autophagy 5(2): 211–216.

Downs CA, McDougall KE, Woodley CM, Fauth JE, Richmond RH, Kushmaro A, Gibb SW, Loya Y, Ostrander GK, Kramarsky-Winter E (2013) Heat-stress and light-stress induce different cellular pathologies in the symbiotic dinoflagellate during coral bleaching. PLoS One 8(12): e77173.

Dykens JA, Shick JM, Benoit C, Buettner GR, Winston GW (1992) Oxygen radical production in the sea-anemone *Anthopleura elegantissima* and its endosymbiotic algae. J Exp Biol 168:219–241.

Fabricius KE (2005) Effects of terrestrial runoff on the ecology of corals and coral reefs: review and synthesis. Mar Pollut Bull 50:125–146.

Fabricius KE, De'ath G (2004) Identifying ecological change and its causes: a case study on coral reefs. Ecol Appl 14:1448–1465.

Fankboner PV (1971) Intracellular digestion of symbiotic zooxanthellae by host amoebocytes in giant clams (Bivalvia: Tridacnidae), with a note on the nutritional role of the hypertrophical siphonal epidermis. Biol Bull 141:222–234.

Fitt WK, Cook CB (1990) Some effect of host feeding on growth of zooxanthellae in the marine hydroid *Myrionema amblonense* in the laboratory and in nature. In: Nardon P, Gianinazzi-Pearson V, Grenier AM, Margulis L, Smith DC (eds) Endocytobiology IV. INRA, Paris, pp 281–284.

Fitt WK, Warner ME (1995) Bleaching patterns of four species of Caribbean reef corals. Biol Bull 189:298–307.

Fitt WK, Brown BE, Warner ME, Dunne RP (2001) Coral bleaching: interpretation of thermal tolerance limits and thermal thresholds in tropical corals. Coral Reefs 20:51–65.

Frentzen M (2004) Phosphatidylglycerol and sulfoquinovosyldiacylglycerol: anionic membrane lipids and phosphate regulation. Curr Opin Plant Biol 7:270–276.

Fujimura H, Higuchi T, Shiroma K, Arakaki T, Hamdun AM, Nakano Y, Oomori T (2008) Continuous-flow complete-mixing system for assessing the effects of environmental factors on colony-level coral metabolism. J Biochem Biophys Methods 70:865–872.

Fujise L, Yamashiya H, Suzuki G, Koike K (2013) Expulsion of zooxanthellae (*Symbiodinium*) from several species of scleractinian corals: comparison under non-stress conditions and thermal stress conditions. Galaxea JCRS 15:29–36.

Fukabori Y (1998) Whitening mechanism of reef building coral. Decomposition and discharge of symbiotic algae. Umiushi Tsushin 18:2–4 (in Japanese).

Gates RD (1990) Seawater temperature and sublethal coral bleaching in Jamaica. Coral Reefs 8:193–198.

Goericke R, Strom SL, Bell MA (2000) Distribution and sources of cyclic pheophorbides in the marine environment. Limnol Oceanogr 45:200–211.

Gomez-Gil B, Soto-Rodrı´guez S, Garcı´a-Gasca A, Roque A, VazquezJuarez R, Thompson FL, Swings J (2004) Molecular identification of *Vibrio harveyi*-related isolates associated with diseased aquatic organisms. Microbiology (Reading, England) 150:1769–1777.

Harris PG, Pearce GES, Peakman TM, Maxwell JR (1995) A widespread and abundant chlorophyll transformation product in aquatic environments. Org Geochem 23:183–187.

Higuchi T, Agostini S, Casareto BE, Yoshinaga K, Suzuki T, Nakano Y, Fujimura H, Suzuki Y (2013) Bacterial enhancement of bleaching and physiological impacts on the coral *Montipora digitata*. J Exp Mar Biol Ecol 440:54–60.

Hoegh-Guldberg O (1999) Climate change, coral bleaching and the future of the world's coral reefs. Mar Freshw Res 50:839–866.

Hoegh-Guldberg O, Smith GJ (1989) The effects of sudden changes in light, temperature and salinity on the population density and export of zooxanthellae from the reef corals *Seriatopora hystrix* and *Stylophora pistillata*. J Exp Mar Biol Ecol 129:279–303.

Hoegh-Guldberg O, Mumby PJ, Hooten AJ, Steneck RS, Greenfield P, Gomez E, Harvell CD, Sale PF, Edwards AJ, Caldeira K, Knowlton N, Eakin CM, Iglesias-Prieto R, Muthiga N, Bradbury RH, Dubi A, Hatziolos ME (2007) Coral reefs under rapid climate change and Ocean acidification. Science 318:1737–1742.

Hughes TP, Baird AH, Bellwood DR, Card M, Connolly SR, Folke C, Grosberg R, Hoegh-Guldberg O, Jackson JBC, Kleypas J, Lough JM, Marshall P, Nystro¨m M, Palumbi SR, Pandolfi JM, Rosen B, Roughgarden J (2003) Climate change, human impacts, and the resilience of Coral Reefs. Science 301:929–933.

Karuso P, Bergquist PR, Buckleton JS, Cambie RC, Clark GR, Rickard CEF (1986) 13^2, 17^3-Cyclopheophorbide enol, the first porphyrin isolated from a sponge. Tetrahedron Lett 27:2177–2178.

Kashiyama Y, Tamiaki H (2014) Risk management by organisms of the phototoxicity of chlorophylls. Chem Lett 43:148–156.

Kashiyama Y, Yokoyama A, Kinoshita Y, Shoji S, Miyashiya H, Shiratori T, Suga H, Ishikawa K, Ishikawa A, Inouye I, Ishida K, Fujinuma D, Aoki K, Kobayashi M, Nomoto S, Mizoguchi T, Tamiaki H (2012) Ubiquity and quantitative significance of detoxification catabolism of chlorophyll associated with protistan herbivory. Proc Natl Acad Sci U S A 109:17328–17335.

Kashiyama Y, Yokoyama A, Shiratori T, Inouye I, Kinoshita Y, Mizoguchi T, Tamiaki H (2013) 13^2, 17^3-Cyclopheophorbide *b* enol as a catabolite of chlorophyll *b* in phycophagy by protists. FEBS Lett 587:2578–2583.

Kleypas JA (1994) A diagnostic model for predicting global coral reef distribution. In: Bellwood O, Choat H, Saxena N (eds) Recent advances in Marine Science and Technology. PACON International and James Cook University, Townsville, pp 211–220.

Kuroki T, van Woesik R (1999) Changes in zooxanthellae characteristics in the coral *Stylophora pistillata* during the 1998 bleaching event. Galaxea JCRS 1:97–101.

Kushmaro A, Rosenberg E, Fine M, Loya Y (1997) Bleaching of the coral *Oculina patagonica* by Vibrio AK-1. Mar Ecol Prog Ser 147:159–165.

Lesser MP, Farrell JH (2004) Exposure to solar radiation increases damage to both host tissues and algal symbionts of corals during thermal stress. Coral Reefs 23:367–377.

Lesser MP, Stochaj WR, Tapley DW, Shick JM (1990) Bleaching in coral reef anthozoans:

effects of irradiance, ultraviolet radiation, and temperature on the activities of protective enzymes against active oxygen. Coral Reefs 8:225–232.

Louda JW, Loitz JW, Rudnick DT, Baker EW (2000) Early diagenetic alteration of chlorophyll-*a* and bacteriochlorophyll-*a* in a contemporaneous marl ecosystem; Florida Bay. Organic Geochem 31:1561–1580.

Louda JW, Neto RR, Magalhaes ARM, Schneider VF (2008) Pigment alterations in the brown mussel *Perna perna*. Comp Biochem Physiol B 150:385–394.

Marubini F, Davies PS (1996) Nitrate increases zooxanthellae population density and reduces skeletogenesis in corals. Mar Biol 127:319–328.

Miller DJ, Yellowlees D (1989) Inorganic nitrogen uptake by symbiotic marine Cnidarians: a critical review. Proc R Soc Lond B Biol Sci 237:109–125.

Mise T, Hidaka M (2003) Degradation of zooxanthellae in the coral *Acropora nasuta* during bleaching. Galaxea JCRS 5:33–40.

Muller EM, Rogers CS, Spitzack AS, van Woesik R (2007) Bleaching increases likelihood of disease on *Acropora palmata* (Lamarck) in Hawksnest Bay, St John, US Virgin Islands. Coral Reefs 27:191–195.

Muscatine L (1990) The role of symbiotic algae in carbon and energy flux in reef corals. In: Coral reefs, ecosystems of the world. Elsevier, Amsterdam, pp 75–87.

Muscatine L, Falkowski PG, Porter JW, Dubinsky Z (1984) Fate of photosynthetic fixed carbon in light- and shade-adapted colonies of the symbiotic coral *Stylophora pistillata*. Proc R Soc Lond B 222:181–202.

Mylardz LD, Couch CS, Weil E, Smith G, Harvell CD (2009) Immune defenses of healthy, bleached and diseased *Montastraea faveolata* during a natural bleaching event. Dis Aquat Organ. Special Issue 5; The role of environment and microorganisms in diseases of corals. 87: 67–78.

Ocampo R, Sachs JP, Repeta DJ (1999) Isolation and structure determination of the unstable 13^2, 17^3-Cyclopheophorbide *a* enol from recent sediments. Geochim Cosmochim Acta 63:3743–3749.

Pacher P, Beckman JS, Liaudet L (2007) Nitric oxide and peroxynitrite in health and disease. Physiol Rev 87:315–424.

Papina M, Meziane T, van Woesik R (2007) Acclimation effect on fatty acids of the coral *Montipora digitata* and its symbiotic algae. Comp Biochem Physiol B 147:583–589.

Parkhill J-P, Maillet G, Cullen JJ (2001) Fluorescence-based maximal quantum yield for PS Ⅱ as a diagnostic of nutrient stress. J Phycol 37:517–529.

Perez S, Weis VM (2006) Cnidarian bleaching and nitric oxide: an eviction notice mediates the breakdown of symbiosis. J Exp Biol 209:2804–2810.

Perl-Treves R, Perl A (2002) Oxidative stress: an introduction. In: Van Montagu M, Inzé D (eds) Oxidative stress in plants. Taylor and Francis Books Ltd, London, pp 1–32.

Reimer JD, Ono S, Furushima Y, Tsukahara J (2007) Seasonal changes in morphological condition of symbiotic Dinoflagellates (*Symbiodinium* spp.) in *Zoanthus sansibaricus* (Anthozoa: Hexacorallia) in southern Japan. South Pacific Stud 27:1–24.

Ritchie K (2006) Regulation of microbial populations by coral surface mucus and mucus-associated bacteria. Mar Ecol Prog Ser 322:1–14.

Rosenberg E, Falkovitz L (2004) The *Vibrio shiloi/Oculina patagonica* model system of coral bleaching. Annu Rev Microbiol 58:143–159.

Rosenberg E, Koren O, Reshef L, Efrony R, Zilber-Rosenberg I (2007) The role of microorganisms in coral health, disease and evolution. Nat Rev Microbiol 5:355–362.

Sakata K, Yamamoto K, Ishikawa H, Yagi A, Etoh H, Ina K (1990) Chlorophyllone a, a new phaeophorbide a related compound isolated from *Ruditapes philippinarum* as an antioxidative compound. Tetrahedron Lett 31:1165–1168.

Steele RD, Goreau NI (1977) The breakdown of symbiotic zooxanthellae in the sea anemone *Phyllactis* (= Oulactis) *flosculifera* (Actiniaria). J Zool (Lond) 181:421–437.

Stimson J, Larned S, Conklin E (2001) Effects of herbivory, nutrient levels, and introduced algae on the distribution and abundance of the invasive macroalga *Dictyosphaeria cavernosa* in Kaneohe Bay, Hawaii. Coral Reefs 19:343–357.

Sussman M, Willis BL, Victor S, Bourne DG (2008) Coral pathogens identified for White Syndrome (WS) epizootics in the Indo-Pacific. PloS One 3: e2393.

Sutherland K, Porter J, Torres C (2004) Disease and immunity in Caribbean and Indo-Pacific zooxanthellate corals. Mar Ecol Prog Ser 266:273–302.

Suzuki Y, Casareto BE (2011) The role of Dissolved Organic Nitrogen (DON) in coral biology and reef ecology. In: Dubinsky Z, Stamler N (eds) Coral reefs: an ecosystem in transition. Springer, Dordrecht, pp 207–214.

Suzuki T, Casareto BE, Shioi Y, Ishikawa Y, Suzuki Y (2015) Finding of 13^2, 17^3–cyclopheophorbide a enol as degradation product of chlorophyll in shrunk zooxanthellae of the coral *Montipora digitata*. J Phycol 51(1):37–45.

Szmant AM (2002) Nutrient enrichment on coral reefs: is it a major cause of coral reef decline? Estuaries 25:743–766.

Titlyanov EA, Titlyanova TV, Leletkin VA, Tsukahara J, van Woesik R, Yamazato K (1996) Degradation of zooxanthellae and regulation of their density in hermatypic corals. Mar Ecol Prog Ser 139:167–178.

Titlyanov EA, Titlyanova TV, Loya Y, Yamazato K (1998) Degradation and proliferation of zooxanthellae in planulae of the hermatypic coral *Stylophora pistillata*. Mar Biol 130:471–477.

Titlyanov EA, Titlyanova TV, Yamazato K, van Woesik R (2001) Photo-acclimation of the hermatypic coral *Stylophora pistillata* while subjected to either starvation or food provisioning. J Exp Mar Biol Ecol 257:163–181.

Trapido-Rosenthal H, Zielke S, Owen R, Buxton L, Boeing B, Bhagooli R, Archer J (2005) Increased zooxanthellae nitric oxide synthase activity is associated with coral bleaching. Biol Bull 208:3–6.

Trench R (1993) Microalgal-invertebrate symbioses – a review. Endocyt Cell Res 9:135–175.

Warner ME, Fitt WK, Schmidt GW (1999) Damage to photosystem II in symbiotic dinoflagellates: a determinant of coral bleaching. Proc Natl Acad Sci U S A 96:8007–8012.

Watanabe N, Yamamoto K, Ishikawa H, Yagi A, Sakata K, Brinen LS, Clardy J (1993) New chlorophyll-*a*-related compounds isolated as antioxidants from marine bivalves. J Nat Prod 56:305–317.

Weis VM (2008) Cellular mechanisms of Cnidarian bleaching: stress causes the collapse of symbiosis. J Exp Biol 211:3059–3066.

Wiedenmann J, D’Angelo C, Smith EG, Hunt AN, Legiret FE, Postle AD, Achterberg EP (2012) Nutrient enrichment can increase the susceptibility of reef corals to bleaching. Nat Clim Chang 3:160–164.Yamada N, Tanaka A, Horiguchi T (2013) cPPB-*a*E is discovered from photosynthetic benthic dinoflagellates. J Phycol 50(1):101–107.

Yamamoto K, Sakata K, Watanabe N, Yagi A, Brinen LS, Clardy J (1992) Chlorophyllonic acid and methyl ester, a new chlorophyll *a* related compound isolated as an antioxidant from short-necked clam, *ruditapes philippinarum*. Tetrahedron Lett 33:2587–2588.

Yamasaki H, Sakihama Y (2000) Simultaneous production of nitric oxide and peroxynitrite by plant nitrate reductase: in vitro evidence for the NR-dependent formation of active nitrogen species. FEBS Lett 468:89–92.

第3章　基于遥感和珊瑚年度带数据的土地利用与珊瑚礁变化研究

山野博也，渡边刚（Hiroya Yamano，Tsuyoshi Watanabe）

通过分析遥感（航空摄影）和地球化学（珊瑚年度带）数据，发现在过去50年间，日本西南部的石垣岛土地开发造成的沉积物和营养物质排放显著增加，同时也检测到珊瑚礁的衰退。自20世纪早期以来，许多地区都有历史航拍照片，长寿珊瑚能够记录超过100年的古环境条件，这可以用于还原全球其他区域珊瑚礁自20世纪初或者更早以来的变化情况。

3.1　遥感和珊瑚年度带数据工作概述

根据《海洋污染公报》和《农业、生态系统与环境》相关报道，由于陆地过量泥沙、营养盐和其他污染物的排放等多重环境压力的作用（Bartley et al., 2014；Fabricius，2005），近几十年来珊瑚礁一直在衰退（Blanco et al., 2011）（图3.1），这可能降低珊瑚对气温升高等其他压力的适应能力（Hongo and Yamano，2013）。城市和农业发展会增加沿海泥沙与营养盐的排放（Brodie et al., 2012），这些压力因素对沿海地区珊瑚礁的影响尤为明显（Blanco et al., 2011）。因此，结合土地利用轨迹和相邻珊瑚礁状态的变化可能成为检查泥沙与营养盐对珊瑚及珊瑚礁影响的可靠方法。

通过分析航摄资料（可提供大部分地区大约100年的资料）（Cochran，2013）、卫星数据（自20世纪70年代起）和新出现的高分辨率卫星数据集，可以还原沿海地区的土地利用变化轨迹（Ramos-Scharrón et al., 2015；Yamano，2013）及珊瑚礁在沿海海域的分布变迁（Yamano，2013）。因此，遥感数据可以提供关于土地使用模式和珊瑚礁状况的历史信息。

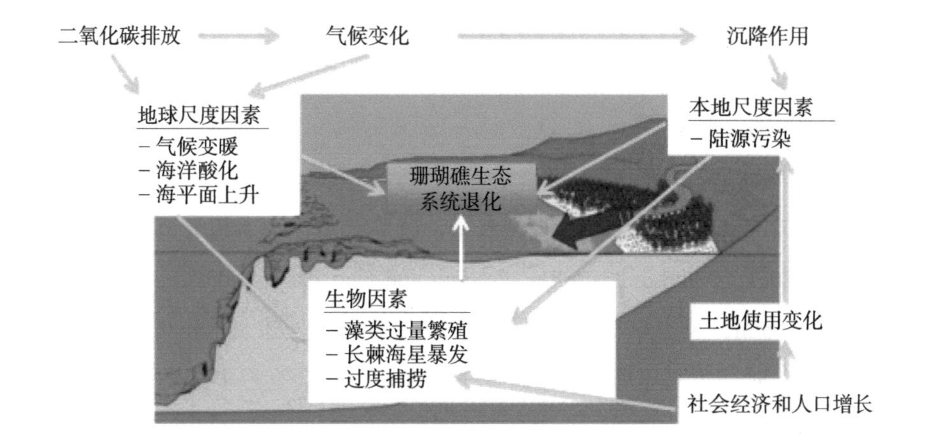

图 3.1　作用于珊瑚礁的过多泥沙、营养盐和其他污染物排放等多重压力因素

过去 100 年来，遥感数据的采集时间一般大于 5 年，频率相对较低。所以，本研究使用珊瑚骨骼数据来克服遥感数据时间间隔较大带来的限制。大型珊瑚（如滨珊瑚）的年度带可以用于几周到几个月的时间分辨率的古环境重建（Gagan et al., 2000）。依据最新分析技术，发现陆地污染物进入珊瑚礁海域的流通率变化可通过钡（McCulloch et al., 2003；Sowa et al., 2014）和珊瑚骨骼中重金属（Lewis et al., 2007）的浓度变化进行估算。与之类似，珊瑚中 δ^{15}N 含量也可以用来表示营养盐通量（Marion et al., 2005；Yamazaki et al., 2011）。

本文通过概述遥感和珊瑚年度带等方面的数据，分析日本西南部石垣岛土地开发利用和珊瑚礁衰退等情况。遥感数据揭示了土地利用模式和数十年来珊瑚、海草分布的变化，珊瑚骨骼记录了重金属浓度和同位素分馏得到的氮元素的变化，表明其受到沿海地区土地利用发展的影响。

3.2　珊瑚礁状况及土地利用现状

位于日本西南部的琉球群岛中的奄美群岛（鹿儿岛县以南）和冲绳县分别于 1953 年和 1972 年回归日本，此后广泛的城乡农业发展造成沿海海域的泥沙和营养盐排入量大幅增加（Omija，2004），导致河流和沿海生态系统健康状况严重下降（West and Van，2001；Omija，2004）。为了应对与泥沙排放有关的环境退化，冲绳县于

1994 年颁布了《冲绳县红土防侵蚀条例》，并于 1995 年 10 月实施。建筑工地泥沙排放从此受到限制，但从农田排放的泥沙尚未得到充分监管，目前甘蔗农场的泥沙排放仍然是污染的重要来源。

通过研究琉球群岛以南的石垣岛沿海地区，发现轰河向沿海珊瑚礁排放了大量泥沙和营养盐。轰河流域分布有甘蔗农场、菠萝农场、牧场和水田等，共 15 km^2（Hasegawa，2011；Nakasone，2001；Paringit and Nadaoka，2003）。该地区年平均降水量约 2 000 mm，其中 60% 分布在 5 月和 6 月的雨季，在 8 月和 9 月的台风期后逐渐下降；这些时期也是土壤侵蚀最严重的时期，可能会有过多的泥沙和营养物质排放到沿海水域。Paringit 和 Nadaoka（2003）通过建立该地区的农田排泥理论模型，证实了农田也是河流和地下水中高浓度营养盐的主要来源之一（Blanco et al., 2008，2010，2011），从而加剧沿海海水的污染。

希拉礁位于日本西南部的石垣岛东海岸，面向太平洋，处于季风区，来自南方的夏季南风和来自北方的冬季北风是该区域的主导风向（Yamano et al., 1998；Hasegawa and Yamano，2004）。一年中，北风是该区域的主要风向，且北风的速度通常大于南风。轰河的海流通常向北流动，但有时会在高潮位和 / 或北风的推动下向南流动（Yamano et al., 2014），此时从轰河排出的泥沙和高浓度营养盐被输送到希拉礁，进而对珊瑚礁产生影响。

希拉礁具有发达的边缘礁结构，以及从陆地到海洋的礁后沟和礁顶形成的独特地形，沿海岸延伸约 3 km，从海岸线到礁坪的距离为 700 ~ 850 m。在希拉礁的北端，一条突出的通道将礁后沟连接到公海（Nadaoka et al., 2001；Tamura et al., 2007）；在珊瑚礁的中部和南部，小而浅（1 ~ 2 m 深）的渠道将海水从礁后沟输送到太平洋；在珊瑚礁的南部边界，一个名为“Watanji”的浅水区将礁后沟与太平洋分开（图 3.2）。

在希拉礁发现了由珊瑚礁系统构成的不同生态区（Iryu et al., 1995；Kayanne et al., 2002；Nakamori et al., 1992），从近岸到外海依次为：①靠近海岸带有小块滨珊瑚属的海草床生态区；②礁后沟内的砂质底部；③分布鹿角珊瑚属（*Acropora*）和蔷薇珊瑚属（*Montipora*）的礁坪后部生态区；④在低潮期间露出海面的分布大量底栖有孔虫的礁坪生态区；以及⑤分布鹿角珊瑚属的面向外海的礁缘生态区。在珊瑚礁的南部以及礁坪后部生态区（地带 3）还有蓝珊瑚（*Heliopora coerulea*）出现。

3.3 土地利用类型和珊瑚岩心年龄模型分析

3.3.1 利用遥感技术分析土地利用类型

使用航空照片和卫星图像数据分析轰河流域土地利用的变化，将其分为森林（常绿）、草原、甘蔗农场、菠萝农场和稻田。先后查看了1962年、1972年、1977/1978年、1986年、1989年、1991年和1995年拍摄的空中照片，并对照片提供的信息进行了解析（Hasegawa，2011）。然后，结合不同土地类型增长动态模式的作物变化轨迹，结合卫星数据生成最近的土地利用状况图（Ishihara et al., 2014）。利用2006—2008年冬季和夏季拍摄的6幅辐射值卫星图像，计算得出归一化差异植被指数（NDVI），具体算法如下：

$$NDVI = (R_{NIR} - R_{Red}) / (R_{NIR} + R_{Red}) \tag{3.1}$$

式中，R_{Red} 和 R_{NIR} 分别为红外和近红外辐射值。因此，NDVI可以利用6个卫星图像检测土地上植被的生长模式。然后，运用作物变化轨迹设计的决策树方法，将土地利用类型归为上述5个类别之一。

3.3.2 构建岩芯年龄模型

使用由潜水器驱动的手持式气钻，从低潮下几米深处的后礁亚潮区收集珊瑚岩芯（Adachi and Abe，2003），插入预制混凝土塞防止钻孔生物定居珊瑚内部并允许珊瑚自然生长。分别在珊瑚岩芯的水平和垂直方向上钻孔，以获得沿着最大生长轴的最明显生长带图案。

收集岩芯后，用淡水冲洗并风干，使用切石锯（用水冷却并装有金刚石刀片）沿着主生长轴切成薄片（约2 ~ 5 mm厚），然后将切片均匀刨平，经X射线显示年度带图像。由于可能存在假年度带，需要测定铀浓度（铀系法测年）来侧面验证年龄模型分析得到的数据，而铀浓度与表层海水温度（sea-surface temperature，SST）变化密切相关，且需要同时测量相同样本的Fe和Mn浓度（Min et al., 1995）。高分辨率的 $\delta^{18}O$ 数据（1 mm的二次采样间隔）也可以用于构建珊瑚岩芯的年龄模型。年龄测定后，采用3 mm的二次采样间隔对应约两个月的时间间隔，分析珊瑚骨架中重金属（Mn和Fe）和氮同位素（$\delta^{15}N$）的比值（Inoue et al., 2014；Yamano et al., 2014）。岩芯切片、X射线成像和二次采样等核心环节的预处理在日本北海道大学珊瑚岩心中心（http://ccc.sci.hokudai.ac.jp/Coral_Core_Center/Welcome.html）完成，用于测定 Mn 和 Fe 的详细分析程序参考 Inoue 等（2014），$\delta^{15}N$ 的测定方法参考 Yamazaki 等（2014）。

3.4 重新评估珊瑚礁种类及其分布

本研究使用航空照片还原海草和珊瑚的详细分布（Harii et al., 2014；Hasegawa，2011）。海草仅限于靠近海岸线的沙滩（Hasegawa，2011），通过检查遥感图像的纹理，使用与还原土地利用模式相同的数据集，对颜色和灰度图像进行识别。根据 1995 年、2000 年、2004 年和 2006 年拍摄的具有监督分类的彩色航空照片，通过原位横断面勘测信息可以检测到高珊瑚覆盖（50% ~ 100%）和中等珊瑚覆盖（5% ~ 50%）的区域（Harii et al., 2014）。接下来，通过进一步的文本编辑，纠正沿海岸线及礁坪上的珊瑚覆盖度估算误差，并重新评估珊瑚礁种类及其分布区域。

3.5 珊瑚礁变化轨迹与土地利用关系

图 3.2 按照时间顺序展示了轰河流域土地利用的历史模式、滨珊瑚中重金属和 $\delta^{15}N$ 浓度、希拉礁的海草和珊瑚覆盖面积变化以及相关社会背景。土地利用格局在此期间显示出重大变化，包括 20 世纪 70 年代以后甘蔗农场的快速扩张（图 3.2b），以及 1972 年农业的高速发展（图 3.2a）。1980 年以前，稻田是该地区土地的主要组成部分；然而，20 世纪 80 年代大部分稻田被甘蔗农场代替。此外，如果农民选择夏季种植，1—3 月甘蔗收获后，甘蔗农场在 8—9 月之前将是荒芜的。因此，在雨季和台风季节，甘蔗农场可能是径流水中泥沙的主要来源。另一方面，稻田可能作为泥沙的储存区域，有效防止泥沙进入海中。1978—1985 年（图 3.2a），轰河的治理在一定程度上增加了泥沙和营养盐向海运输。

珊瑚年度带记录了根据航空照片和人类发展历程估算的沉积物堆积变化（图 3.2c、图 3.2d）。从 20 世纪 80 年代开始，Mn 和 Fe 的浓度曲线显示出这些金属含量显著增加（Ishihara et al., 2014）（图 3.2c）。通过对曲线图进行仔细观察，发现 1975 年是这两种元素年度平均浓度变化的转折点。在 1975 年以前，Fe 和 Mn 的变化不相关，而在 1976—2004 年间，两个元素的年度平均浓度变化同步。研究结果表明，

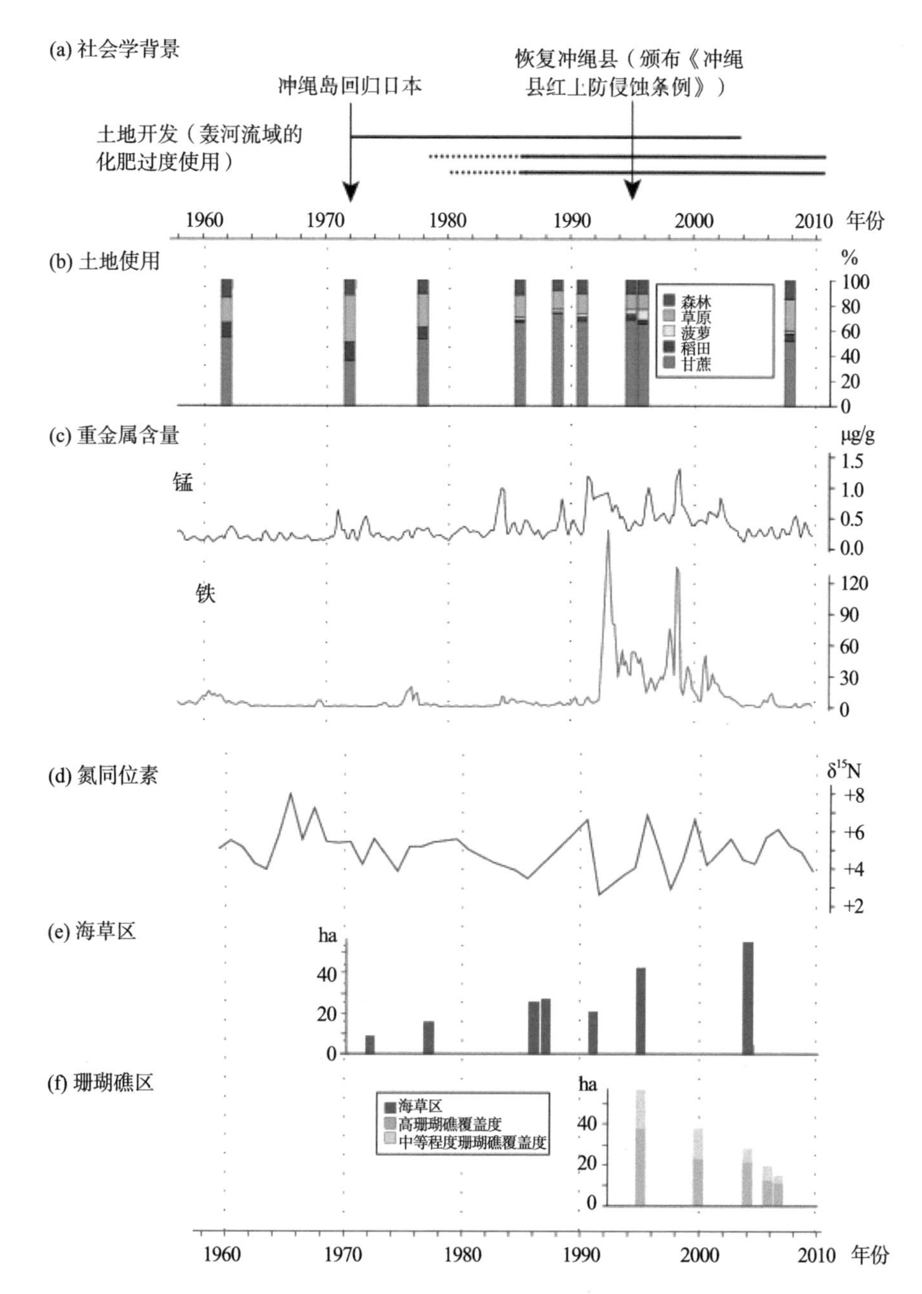

图 3.2　图中整合的数据来自（a）社会因素，（b）轰河流域土地利用的历史变化，（c）重金属浓度，（d）滨珊瑚属的氮同位素，（e）海草区和（f）希拉礁（e、f）的珊瑚区域

资料来源：（a）Hasegawa（2011）和 Yamazaki 等（2014）；（b）Hasegawa（2011）；（c）Inoue 等（2014）；（d）Yamazaki 等（2014）；（e）Hasegawa（2011）；（f）Harii 等（2014）

这个同步变化是由土地开发引起的沉积物堆积增加造成的。

$\delta^{15}N$ 与 Fe 和 Mn 的变化轨迹不同，表明陆地硝酸盐排放与沉积物堆积增加不同时进行（图 3.2c 和图 3.2d）。正如 Yamazaki 等（2014）所假设：①20 世纪 80 年代以前，在水田中使用了肥料（图 3.2a）；②1980 年前后，由于降水量相对稳定，运送硝酸盐到珊瑚礁的速率和量级基本相同；③利用甘蔗土壤和肥料中硝酸盐的当前值进行计算。但是，20 世纪 80 年代以后，该地区营养盐排放可能发生变化，河水中硝酸盐浓度是 20 世纪 80 年代以前的 3 倍。

泥沙和营养盐排放量的增加似乎与海草覆盖面积的增加以及珊瑚覆盖面积的减少有关（图 3.2e、图 3.2f）。Hasegawa（2011）对航空照片进行了分析，发现希拉礁的海草覆盖面积从 1972 年的 8.6 hm^2 增加到 2004 年的 55.0 hm^2（图 3.2e）。而 Harii 等（2014）的研究发现，珊瑚覆盖面积从 1995 年的 2.8 hm^2 下降到 2006 年的 0.8 hm^2（图 3.2f）。正如 Hongo 和 Yamano（2013）认为的，尽管陆地污染可能对珊瑚有一定的长期负面影响，珊瑚礁减少的最主要原因仍然是白化事件和台风。希拉礁中蓝绿色浮游植物和底栖微藻的增加也表明它们受到营养盐增加的影响（Blanco et al., 2008）。综上所述，研究结果显示了该地区土地利用进程和珊瑚礁变化轨迹呈显著关联。大量的土地开发和甘蔗栽培导致泥沙与营养盐排放增加，一方面表现为珊瑚骨骼中 Fe 和 Mn 浓度与 $\delta^{15}N$ 值的变化；另一方面，泥沙和营养盐排放增加导致海草面积的扩大和珊瑚覆盖面积的减少。

3.6 珊瑚礁和土地利用变化的关系及意义

上述研究提出了一个新的方法：将土地利用、泥沙和营养盐排放的轨迹与珊瑚礁 10 年间的生存状况以及相邻珊瑚礁的空间尺度联系起来，该方法能够显著提高研究结果的准确性。自 20 世纪初起，人类积累了大量的航空照片，利用这些照片可以分析土地利用的变化轨迹，加上最近的高分辨率卫星图像，并通过对历史文献和社会经济数据的研究，有助于还原土地利用的发展状况和社会变迁的背景（Cochran, 2013）。在 50 年甚至更长的时间尺度内，珊瑚年度带对于还原泥沙和营养盐的动态变化具有重要作用，因此，可以通过获得更长寿的珊瑚样品来还原 20 世纪全球区域珊瑚礁的变化轨迹。

遥感和珊瑚年度带数据的有效利用可以提高对土地利用史特征的认识，也有助于制定土地管理政策以减少污染物排放。从 Mn 和 Fe 的曲线图（图 3.2）中可以看出，自 2004 年后，由于各项特定保护政策的实施，特别是《冲绳县红土防侵蚀条例》以及日本的世界野生动物基金会（world wildlife fund，WWF）在甘蔗农场周围设置的绿化带，Mn 和 Fe 的含量有所下降。在今后的工作中，可以更深入地研究这些措施带来的影响。

珊瑚礁不仅记录了当地的陆地污染情况，还记录了全球的气候变化（Gagan et al., 2000）。希拉礁记录了从东亚季风到厄尔尼诺 / 南方涛动的气候变化（Mishima et al., 2010; Tsunoda et al., 2008）。随着分析技术的进一步发展，还可能还原与海洋酸化（与二氧化碳排放有关的另一个气候变化问题）相关的 pH 值变化（Pelejero et al., 2005; Shinjo et al., 2013）。因此，利用珊瑚年度带研究方法可以对当地和全球环境变化进行更为综合的分析（图 3.1）。Harii 等（2014）指出，在考虑影响珊瑚礁状况的多重动态影响时，需要更加综合的研究模式。

此外，近期和珊瑚化石记录都提供了相关环境条件的信息。Sowa 等（2014）通过分析有着 3 000 年和 1 000 年历史的滨珊瑚属化石，发现 Ba/Ca 比例的季节性变化可能验证了史前时期另一种沉积物排放的代表性元素（Mcculloch et al., 2003），这种季节性变化可能与农业活动有关，该方法可以与考古调查相结合。

考虑到从陆地到珊瑚礁的连续性，对于建立适当的保护珊瑚礁的土地管理计划十分重要，这个特殊问题在《海洋污染公报》和《农业、生态系统与环境》中已有报道，其成果将有助于未来的土地管理（Devlin and Schaffelke，2012；Thorburn，2013）。

致谢

本研究得到日本教育、文化、体育、科学与技术部门（ministry of education，culture，sports，science and technology，MEXT）创新领域“珊瑚礁共生关系及在综合压力下人类与生态系统共生”（No.20121004）研究项目的支持。特别感谢 B01 团队“珊瑚礁及其压力因素的历史变迁”的合作者，他们发表了内容丰富、见解深刻的研究结果。最后感谢石垣村居民和日本世界自然基金会提供的研究机会。

参考文献

Adachi H, Abe O (2003) "Air drill" for submerged massive coral drilling. Mar Technol Soc J 37:31–36.

Bartley R, Bainbridge ZT, Lewis SE, Kroon FJ, Wilkinson SN, Brodie JE, Silburn DM (2014) Relating sediment impacts on coral reefs to watershed sources, processes and management: a review. Sci Total Environ 468–469:1138–1153.

Blanco AC, Nadaoka K, Yamamoto T (2008) Planktonic and benthic microalgal community composition as indicators of terrestrial influence on a fringing reef in Ishigaki Island, Southwest Japan. Mar Environ Res 66:520–535.

Blanco AC, Nadaoka K, Yamamoto T, Kinjo K (2010) Dynamic evolution of nutrient discharge under stormflow and baseflow conditions in a coastal agricultural watershed in Ishigaki Island, Okinawa, Japan. Hydrol Process 24:2601–2616.

Blanco AC, Watanabe A, Nadaoka K, Motooka S, Herrera EC, Yamamoto T (2011) Estimation of nearshore groundwater discharge and its potential effects on a fringing coral reef. Mar Pollut Bull 62:770–785.

Brodie JE, Kroon FJ, Schaffelke B, Wolanski EC, Lewis SE, Devlin MJ, Bohnet IC, Bainbridge ZT, Waterhouse J, Davis AM (2012) Terrestrial pollutant runoff to the Great Barrier Reef: An update of issues, priorities and management responses. Mar Pollut Bull 65:81–100.

Cochran SA (2013) Photography applications. In: Goodman JA, Purkis SJ, Phinn S (eds) Coral reef remote sensing. Springer, Dordrecht, pp 29–49.

Devlin M, Schaffelke B (2012) Catchment-to-reef continuum: case studies from the Great Barrier Reef. A special issue–Marine Pollution Bulletin 2012. Mar Pollut Bull 65:77–80.

Fabricius KE (2005) Effects of terrestrial runoff on the ecology of corals and coral reefs: review and synthesis. Mar Pollut Bull 50:125–146.

Gagan MK, Ayliffe LK, Beck JW, Cole JE, Druffel ERM, Dunbar RB, Schrag DP (2000) New views of tropical paleoclimate from corals. Quat Sci Rev 19:45–64.

Harii S, Hongo C, Ishihara M, Ide Y, Kayanne H (2014) Impacts of multiple disturbances on coral communities at Ishigaki Island, Okinawa, Japan, during a 15 year survey. Mar Ecol Prog Ser 509:171–180.

Hasegawa H (2011) The decline of coral reef conditions caused by the extensive land modification: a case study of the Shiraho area on Ishigaki Island, Okinawa, Japan. J Remote

Sens Soc Jpn 31:73–86.

Hasegawa H, Yamano H (2004) Ishigaki Island. In: Ministry of the Environment and Japanese Coral Reef Society (ed) Coral reefs of Japan. Ministry of the Environment, Tokyo, pp 212–218.

Hongo C, Yamano H (2013) Species-specific responses of corals to bleaching events on anthropogenically turbid feefs on Okinawa Island, Japan, over a 15-year period (1995). PLoS One 8:e60952.

Inoue M, Ishikawa D, Miyaji T, Yamazaki A, Suzuki A, Yamano H, Kawahata H, Watanabe T(2014) Evaluation of Mn and Fe in coral skeletons (*Porites* spp.) as proxies for sediment loading and reconstruction of 50 yrs of land use on Ishigaki Island, Japan. Coral Reefs 33:363–373.

Iryu Y, Nakamori T, Matsuda S, Abe O (1995) Distribution of marine organisms and its geological significance in the modern reef complex of the Ryukyu Islands. Sediment Geol 99:243–258.

Ishihara M, Hasegawa H, Hayashi S, Yamano H (2014) Land cover classification using multi-temporal satellite images in a subtropical area. In: Nakano S, Yahara T, Nakashizuka T (eds) The biodiversity observation network in the Asia-Pacific region: integrative observations and assessments of Asian biodiversity. Springer, Tokyo, pp 231–237.

Kayanne H, Harii S, Ide Y, Akimoto F (2002) Recovery of coral populations after the 1998 bleaching on Shiraho Reef, in the southern Ryukyus, NW Pacific. Mar Ecol Prog Ser 239:93–103.

Lewis SE, Shields GA, Kamber BS, Lough JM (2007) A multi-trace element coral record of land-use changes in the Burdekin River catchment, NE Australia. Palaeogeogr Palaeoclimatol Palaeoecol 246:471–487.

Marion GS, Dunbar RB, Mucciarone DA, Kremer JN, Lansing JS, Arthawiguna A (2005) Coral skeletal δ^{15}N reveals isotopic traces of an agricultural revolution. Mar Pollut Bull 50:931–944.

Mcculloch M, Fallon S, Wyndham T, Hendy E, Lough J, Barnes D (2003) Coral record of increased sediment flux to the inner Great Barrier Reef since European settlement. Nature 421:727–730.

Min GR, Lawrence Edwards R, Taylor FW, Recy J, Gallup CD, Beck JW (1995) Annual cycles of U/Ca in coral skeletons and U/Ca thermometry. Geochim Cosmochim Acta 59:2025–2042.

Mishima M, Suzuki A, Nagao M, Ishimura T, Inoue M, Kawahata H (2010) Abrupt shift toward cooler condition in the earliest 20th century detected in a 165 year coral record from Ishigaki Island, southwestern Japan. Geophys Res Lett 37:L15609.

Nadaoka K, Nihei Y, Kumano R, Yokobori T, Omija T, Wakaki K (2001) A field observation on hydrodynamic and thermal environments of a fringing reef at Ishigaki Island under typhoon and normal atmospheric conditions. Coral Reefs 20:387–398.

Nakamori T, Suzuki A, Iryu Y (1992) Water circulation and carbon flux on Shiraho coral reef of the Ryukyu Islands, Japan. Cont Shelf Res 12–7(8):951–970.

Nakasone K, Higa E, Omija T, Yasumura S, Nadaoka K (2001) Measurements of suspended solids in Todoroki River, Ishigaki Island. Ann Rep Okinawa Prefectural Inst Health Environ 35:93–102.

Omija T (2004) Terrestrial inflow of soils and nutrients. In: Ministry of the Environment and Japanese Coral Reef Society (ed) Coral reefs of Japan. Ministry of the Environment, Tokyo, pp 64–68.

Paringit EC, Nadaoka K (2003) Sediment yield modelling for small agricultural catchments: land-cover parameterization based on remote sensing data analysis. Hydrol Process 17:1845–1866.

Ramos-Scharrón CE, Torres-Pulliza D, Hernández-Delgado EA (2015) Watershed- and island wide-scale land cover changes in Puerto Rico (1930s–2004) and their potential effects on coral reef ecosystems. Sci Total Environ 506–507:241–251.

Tamura H, Nadaoka K, Paringit EC (2007) Hydrodynamic characteristics of a fringing coral reef on the east coast of Ishigaki Island, southwest Japan. Coral Reefs 26(1):17–34.

Thorburn P (2013) Catchments to reef continuum: minimising impacts of agriculture on the Great Barrier Reef. Agric Ecosyst Environ 180:1–3.

Tsunoda T, Kawahata H, Suzuki A, Minoshima K, Shikazono N (2008) East Asian monsoon to El Niño/Southern Oscillation: a shift in the winter climate of Ishigaki Island accompanying the 1988/1989 regime shift, based on instrumental and coral records. Geophys Res Lett 35:L13708.

West K, Van WR (2001) Spatial and temporal variance of river discharge on Okinawa (Japan): inferring the temporal impact on adjacent coral reefs. Mar Pollut Bull 42:864–872.

Yamano H (2013) Multispectral applications. In: Goodman JA, Purkis SJ, Phinn SR (eds) Coral reef remote sensing. Springer, Dordreht, pp 51–78.

Yamano H, Hata H, Miyajima T, Nozaki K, Kato K, Negishi A, Tamura M, Kayanne H (2014) Water circulation in a fringing reef and implications for coral distribution and resilience. In: Nakano S, Yahara T, Nakashizuka T (eds) The biodiversity observation network in the Asia-Pacific region: integrative observations and assessments of Asian biodiversity. Springer, Tokyo, pp 275–293.

Yamano H, Kayanne H, Yonekura N, Nakamura H, Kudo K (1998) Water circulation in a fringing reef located in a monsoon area: Kabira Reef, Ishigaki Island, Southwest Japan. Coral Reefs 17:89–99.

Yamazaki A, Watanabe T, Tsunogai U (2011) Nitrogen isotopes of organic nitrogen in reef coral skeletons as a proxy of tropical nutrient dynamics. Geophys Res Lett 38:L19605.

Yamazaki A, Watanabe T, Tsunogai U, Hasegawa H, Yamano H (2014) The coral δ^{15}N record of terrestrial nitrate loading varies with river catchment land use. Coral Reefs 34:353–362.

第 4 章　琉球岛弧珊瑚及其地形史研究

山口彻（Toru Yamaguchi）

琉球岛弧的珊瑚研究积累了有助于还原其历史演变轨迹的大量信息。通过自然和人类这两种类型主体之间的相互作用，将目前的地形地貌视为一种发生了巨大变化和经历了不断累积的历史遗迹。本章研究了从第三世纪中新世晚期到全新世晚期地质史的 3 个问题：琉球岛弧的岛屿化、珊瑚在末次冰盛期（last glacial maximum，LGM）的生长以及全新世中期（middle holocene，MH）珊瑚礁的形成环境，后两个研究方向与晚更新世和全新世人类定居及生活的考古学与人类学证据相联系。目前，关于全新世中后期的珊瑚礁地理学研究仍不充分。因此，本章简要描述了对日本石垣岛名仓地区的浅海和冲积地区珊瑚的调查结果，进一步的研究将使我们意识到不能将人类活动产生的影响简单归纳为环境退化和地貌改善，其影响是广泛而深远的。

4.1　地形史研究概述

现存的地形地貌可以看作自然和人类两种类型主体之间长期相互作用的历史产物，应该利用跨越自然科学和人文社会科学的研究方法来全面阐释这种地貌特征。例如，Kirch 和 Hunt（1997）在其具有里程碑意义的《太平洋岛屿历史生态学》一书中指出，过去 20 年来，太平洋考古学在很大程度上尝试从历史生态学的角度理解这一问题，其中综合了地质学、地貌学和古生物学等自然科学收集的各种数据。值得注意的是，许多研究使用“景观”一词来反映自然过程与人为活动之间的长期相互作用，并借此将自然科学与人文科学相融合（Yamaguchi et al., 2009）。本章将“地形史”一词应用于跨学科的研究，描述形成当前特定地形的演变过程，回顾了琉球岛弧的珊瑚研究，归纳了与人类定居史相关的内容。此外，本章还简要介绍了八重山群岛石垣岛地质考古调查的初步结果。

4.2 琉球岛弧岛屿化的长期环境历史

从最东北的种子岛到最南部的与那国岛，许多岛屿散落分布在东起冲绳海槽（弧后盆地）、西至琉球海沟之间的 1 100 余千米的狭长地带。目前的岛弧在地质和地理上分为北部、中部与南部琉球群岛这 3 个区域，它们以吐噶喇群岛、庆良间诸岛（或宫古岛）为界，每个洼地的深度大约 1 000 m，琉球南部和中国台湾之间以 800 m 深的与那国岛洼地为界。

自中新世末期以来，砂质和沙质沉积物已经开始在岛尻群岛沉积，并广泛地分布于各种基底地层中。早期海洋沉积物可以追溯到中新世，这个时期的琉球岛弧可能是欧亚大陆东缘的一部分（Kizaki，1980；Machida et al., 2001:301−2）。第四纪化石生物地层数据证实海洋粉砂岩的沉积日期为（1.552 ± 0.154）Ma，岛弧与大陆在这一时期正式分离（Osozawa et al., 2012）。在更新世早期（大约 1 Ma），琉球岛弧周围的海洋环境发生了改变，导致沉积物从粉砂质和砂质沉积物逐步变成以碳酸盐为主体的珊瑚礁底质。

目前，主要有两个假说来解释珊瑚为何能生长于高纬度地区：一是冲绳海槽的地貌特征以及它在琉球岛弧之前阻挡了来自中国东部与台湾地区的浑浊河流沉积物（Nakagawa，1983）；另一个因素是黑潮（black current）进入冲绳海槽，将热带暖流输送到琉球岛弧（Koba，1992）。0.7 Ma ~ 0.6 Ma 前，随着吕宋火山弧与台湾造山带碰撞，与那国岛洼地的深度和面积进一步扩大，黑潮得以进入冲绳海槽（Koba，1992）。该洼地的加深和扩大也分开了“中国 − 冲绳”陆桥，使琉球岛弧成为相对独立的地理单元。

伴随着海平面处发生的冰川作用，位于板块边界处的琉球岛弧似乎经历了高度复杂的垂直和水平运动。因此，各种关于更新世地形变化的古地理学假说、陆生脊椎动物化石的古生物学证据以及相关但不太可靠的放射性测定年代法，都很难清晰地解释上述地质的演变进程。然而，近期关于陆地不能飞行的脊椎动物的系统地理学和分子系统发育研究结果为还原岛屿化或地理隔离的历史过程提供了一套令人信服的证据（Matsui et al., 2005；Ota，1998；Hikida，1997）。虽然这个假说的细节仍然与最近考察的第四纪化石生物地层学和关于岛尻群岛粉砂岩和覆盖沉积物的数据略有出入（Osozawa et al., 2012），但仍提示琉球岛弧可能早在更新世早期已开始逐步向岛屿地形演变。

4.3 最后一次冰河期的岛屿地形及珊瑚生长

通过 coral-reef front（COREF）项目的实施（Matsuda et al., 2012），琉球群岛碳酸盐的钙质超微化石和沉积学研究取得了显著成果，发现该地区存在红藻石、大型有孔虫石灰岩以及在更新世早期和中期间歇性沉积的礁状沉积物。沉积物的部分暗示了更新世海平面变化的两个长期趋势：在高海平面期间，深海的岛架上会形成红藻石和大型有孔虫石灰岩；在低海平面期间，礁状沉积物形成于连续构造沉降条件下的浅海中（Ikeda et al., 1991；Obata and Tsuji，1992；Sagawa et al., 2001）。

Obata 和 Tsuji（1992）分析了高分辨率地震反射资料和分布在宫古岛与伊良部岛西部近海地区海岛架及海岛坡的沉积相，并总结了琉球南部的地质史。相关研究结果表明，构造运动最终导致琉球岛弧的动荡。在 0.4 Ma 时，构造的变化趋势由下沉转变为上升，使得琉球石灰岩的一部分沉积物在大约 1.2 Ma 和 0.4 Ma 之间时出现在陆地上。

关于岛架的最近调查结果显示，琉球中部和南部地区的高分辨率地震反射剖面具有强烈的反射与混乱的内部结构。其中，奄美大岛（Amami-Oshima）东北部的 80 ~ 120 m 等深线描绘了一个位于奄美支脉（Amami Spur）的内部结构，厚度为 15 m，宽度为 400 m；在喜界岛西南部的陆架边缘也发现了一些不规则的地形高点（Matsuda et al., 2011），它们是由珊瑚礁或海平面低位时期沉积的粗粒生物碎屑组成的斜床。伊拉布西部岛架的高分辨率地震反射剖面也显示出了一个位于约 126 m 深度的丘陵结构（Obata and Tsuji，1992）。通过钻孔取样详细分析了其碳酸盐沉积物，并运用 $^{230}Th/^{234}U$ 和 ^{14}C 方法测定了珊瑚碎片的年代（Sasaki et al., 2006）。经过岩性检测和对珊瑚动物群的鉴定，发现丘陵结构的上部是一个小型的珊瑚礁，很可能形成于最后一次冰河期（约 22 ka）。

4.4 晚更新世人类生活的自然环境

从地形史的角度看，最令人感兴趣的是珊瑚礁可能在末次冰盛期（LGM）形成，因为琉球岛弧在这个时期已经有更新世人类居住。在冲绳、琉球群岛中部的久米岛、琉球群岛南部的宫古岛和石垣岛的钙质裂缝及石灰岩地区都发现了人类化石。在日本发现的许多更新世人类遗骸都集中在这一岛弧之中（Matsuura，1996）。放射性测定年代法的结果显示，这些更新世人类遗骸中最早距今约 32 ka，来自冲绳的山下 1 号洞。同时还发掘到了青壮年的股骨和胫骨，以及大量已经灭绝的琉球侏儒鹿（*Cervus astylodon*）。遗骸所在的地质层被一层可能含有来自岩浆的陈旧木炭微粒的沉积物覆盖，它们与距今（32 100 ± 1 000）年的传统地层年代相一致或者更早（Takamiya et al., 1975）。

在冲绳岛的港川石灰岩采石场裂隙处，研究人员发掘出超过 5 具人类骨骼残骸（Suzuki and Hanihara，1982）。在裂缝较下层的沉积物中也发现了已经灭绝的琉球侏儒鹿和少量野猪化石，而在上层沉积物中没有发现野猪化石。通过比较分析人类和陆地脊椎动物埋葬沉积物周围的氟含量，确认了垂直面或者按年代顺序排列的人类遗骸的来源（Matsuura，1996）。研究表明，人类遗骸年龄接近较低沉积层脊椎动物的骨骼年龄，而较低沉积层的木炭微粒年龄分别为距今（18 250 ± 650）年和（16 600 ± 300）年（Suzuki and Hanihara，1982）。

裂缝和洞穴的木炭微粒可能受到二次沉积物的污染，因此，根据这种沉积物判断年龄不太可靠（Matsuura，1996）。然而，在琉球南部石垣岛的白保竿根田原（Shiraho-Saonetabaru）洞穴发掘出一些特殊的人类残骸和陆栖脊椎动物残骸（包括野猪），通过从骨骼中直接提取保存完好的胶原蛋白样品，测出年龄分别为距今（20 416 ± 113）年和（18 752 ± 100）年（Nakagawa，2010）。这些年龄处于末次冰盛期之内，当时低水位时期的海平面比现在的应该至少低 120 m，当时的岛屿也比现在的岛屿更大更高。其中，石垣岛和西表岛等岛屿很可能连接成一个“超岛”（Ota，1998）。通过对琉球中部伊是名岛的岩芯样本进行古植物学分析，发现在大约 22 ka 左右时当地植物以松属（*Pinus*）和罗汉松属（*Podocarpus*）等针叶林为主，同时拥有较少的冷杉属（*Abies*）、铁杉属（*Tsuga*）以及桤木属（*Alnus*）和白橡亚属（*Quercus subgen, Lepidobalanus*）等落叶阔叶林。另外，当时存在的植物还包括青冈亚属

（*Quercus subgen, Cyclobalanopsis*）、石栎属（*Castanopsis-Pasania*）和杨梅属（*Myrica*）等含有相当多花粉的常绿阔叶林。这些具坚果的植被维系着鹿和野猪等陆生脊椎动物的生命。因此，研究认为亚热带琉球群岛在最后一次冰河时期的气候不比现在冷很多，但是更加干燥（Kuroda and Ozawa，1996）。琉球岛弧上的人类在更新世晚期很可能依赖常绿阔叶林中的坚果和陆生脊椎动物生存，从超岛内部深处的裂隙和洞穴中挖掘出的人类遗骸、鹿和/或野猪骨骼化石都支持了这一假设。然而，近期对某些岛屿架进行的地质调查表明，即使在末次冰盛期，更新世人类也可以到达分布着小型珊瑚礁的浅水环境。这些新的发现值得考古学和人类学专家进行更加深入的调查。

4.5 连接晚更新世与全新世的珊瑚研究

在末次冰盛期后（post-LGM），地球从冰河期向间冰期过渡，海平面高度发生变化，大规模的冰－洋质量再分配导致海水体积的急剧增加以及大规模、持续的地球均衡反应（Fleming et al., 1998；Milne et al., 2005）。通过对在大溪地、巴巴多斯和新几内亚等远离大陆地区的长岩芯上合成的 3 条冰消曲线所获得的海平面历史数据进行分析，发现这些地区的冰川均衡调整（GIA，固体地球对末次冰期的动力学响应）并不明显，海平面的升降是主要的。在 13.8 ka 和 11.3 ka 分别发生了两次小规模的冰川加速融化事件，导致了海平面快速上升，并彻底淹没了晚更新世的珊瑚礁（Camoin et al., 2005）。

琉球岛弧南部和中部岛屿的珊瑚礁从 ca. 8.5 ka ~ 7.9 ka 开始就存在于海平面以下几十米处，但是北部岛屿在 1500 多年后才开始出现珊瑚（Kan and Kawana，2006）。全球冰川的融化速度从 7 cal. kyear BP 左右到全新世晚期开始大幅下降（Milne et al., 2005），但海平面的平稳上升更加适合珊瑚生长。此外，一股黑潮支流在 7.3 cal. kyear BP 重新进入冲绳海槽。此时，表层海水温度和温跃层的深度突然增加（Jian et al., 2000），从热带运送的暖水也增加了琉球岛弧珊瑚礁的垂直生长速度（Kan，2010）。

研究表明，从更新世晚期到全新世中期，岛屿周边的珊瑚礁区环境发生了巨大的变化。20 世纪 70 年代开发的便携式潜水钻井装置（Macintyre，1975）使得海洋地质学家能直接观察珊瑚礁的内部；放射性碳年代测定法的普及也促进了对珊瑚礁发育过程的还原（Hongo，2010; Kan，2002）。研究发现，全新世的珊瑚礁在上新世中期赶上了海平面，该发现对于揭示新石器时代生活于琉球岛弧人类的狩猎、采集和居住的考古研究意义重大。例如，随着珊瑚礁的发育及其波浪消散效应的提高，原本没过珊瑚的海浪所引起的海岸侵蚀作用（holocene high-energy window）逐渐消失，从而形成浅环礁湖（潟湖）环境（Kan，2002）。史前人类的生存应该受到这种沿海环境变化的影响，形成对潟湖浅水区海洋资源的更大依赖性（Kinoshita，2012; Toizumi，2010）。

然而，全球不同地区珊瑚礁"追赶海平面"的速度差异明显（Kan，2010）。即使在同一个岛屿，迎风礁一般比背风礁成熟得更早（Hongo and Kayanne，2008）。这种珊瑚礁发育的时间多样性可归因于地壳运动、风向、波浪强度和海表温度等。因此，应根据全新世珊瑚礁在不同区域的具体生长情况对当地考古遗址的空间分布进行复核。虽然琉球岛弧上的人类在全新世中期新石器时代的生存很大程度上依赖于珊瑚礁生态系统，但最近琉球南部石垣岛的一个实例研究表明，在Shimotabaru（约4 850 ~ 3 640 cal. BP）和Mudoki（约1 880 ~ 930 cal. BP）时期，当地区民的生活区域并不完全受珊瑚礁分布情况的限制（Kobayashi et al., 2013）。

近期的研究成果可以为珊瑚环境史提供一个将晚更新世与全新世相联系的历史视角。如上所述，这些岛屿环境的巨大变化对考古调查至关重要。同样，在随后的全新世晚期，相对海平面下降改变了沿海地区的环境，海平面下降和珊瑚礁向海一侧的增加导致作用于海岸的波浪力减少。这种波浪衰减致使沉积环境改变，并促使露出水面礁体沙洲的形成。在琉球岛弧中心的渡名喜岛（Tonaki）有一个大约距今3 500年的史前人类遗址，在连接两个岛屿的一个沙坝（连岛沙洲）上发现有陶器和贝冢（Toma，1981；Kan，1997）。

上述研究表明，沿海地形地貌的丰富扩大了人类居住的空间范围。然而，即使在史前时期，人类活动也扮演着影响环境的重要角色。因此，我们需要考虑环境的人为变化与史前生存的适应性，需要将两个方面——珊瑚礁分布的浅海区地形地貌和人类居住过的历史遗址的研究进展结合起来进行分析。目前，关于名仓地区和石垣岛的研究仍在进行，以下是现有进展概述。

4.6 全新世晚期人为因素造成地形变化的可能性

琉球群岛中的石垣岛距离冲绳岛西南方约 440 km，距离中国台湾东面 240 km，面积约 223 km^2，从东北向西南延伸 32 km，其西南部最大宽度为 19 km，为名仓区，面向水深较浅的名仓湾（图 4.1b）。该地区是名仓河的大型冲积扇，位于两岸连绵的山峰之间，即班纳达克山（Banna-dake）南侧和茂登岳（Omoto-dake，琉球群岛最高的峰，高 526 m）北侧。冲积扇较低一侧由浅红色和橙红色的黏土、细沙、鹅卵石和巨石基质组成（Foster，1965：琉球群岛－五岛列岛、石垣岛的地质图），海拔高度为 5 ~ 15 m，向海湾倾斜，以冲积低地为界，被主要河流和几个小山谷隔开；在冲积低地前面是潮间带广阔的红树林，被一些覆盖着岸滩植被的沙洲和名仓湾的潮滩隔开。

在红树林的潮间带和潮滩分布着许多由滨珊瑚属和蜂巢珊瑚属构成的小环礁。在 2012 年春季潮的低潮期间，研究组使用定位系统测量了潮汐通道和潟湖之间以及沙洲和潮滩边缘之间的小环礁的水平和垂直分布情况，同时还收集了一些小环礁样本进行年代测定。虽然小环礁在一定程度上受到侵蚀，但可以看出，潮间带后面的小环礁更高，而靠近潮滩边缘的相对较低；它们的高度高于现今平均低水位（LWL）0.5 ~ 1.5 m。通过对从小环礁表面边缘收集的一些样品进行年代测定，发现其地质年代为 5 000 ~ 2 000 cal. BP，且靠近潮滩边缘的地质年代比潮间带后面的小环礁更早（图 4.1）。小环礁高度和年龄的下降与全新世晚期海平面的相对下降有关，可以结合石垣南部倾斜造成的隆起开展进一步研究（Kawana，1989）。在全新世晚期，浮出水面的环礁能够有效地阻止内陆水土流失，而浅海小型环礁彻底改变了其地形地貌，演变成为红树林潮间带和潮滩。

调查还发现了一些死亡的、直径数米的滨珊瑚属种群，分散在水深约 2 m 的名仓湾沙质底部，其样本表明，它们的生长在大约 800 ~ 1 200 cal. BP 时受到抑制。这种抑制不能归因于海平面变化，而可能与其他环境因素有关。这些因素需要通过分析珊瑚岩芯中的微量元素来确定，且冲积低地的地理学信息也有助于还原包括陆地和浅海两个方面的地形地貌变迁。

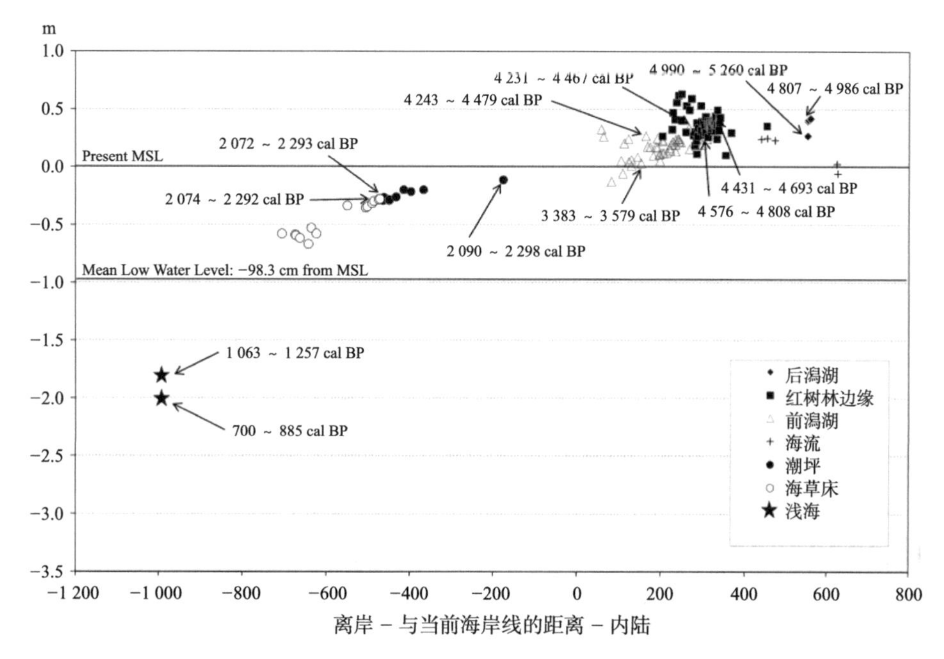

图 4.1 滨珊瑚属和蜂巢珊瑚属环礁的垂直分布和年代测定情况（小环礁高度和年龄的减少与全新世晚期的海平面相对下降有关）

研究团队在名仓沿海低地和峡谷底部采集了岩芯样品，从而获得了从浅海到红树林潮滩，再到冲积低地，最后变为水稻种植灌溉池塘的地层顺序信息。在 2 000 ~ 1 000 cal. BP 期间，潮间带和池塘地区之间的洪泛区沉积物中的砂质粉土厚度超过了 50 cm，其中含有大量露兜树属（*Pundanus*）和玉蕊属（*Barringtonia*）的花粉。与海拔较低处的沉积物相比，河漫滩沉积物中的二氧化硅（SiO_2）含量有所增加，可认为其来自内陆地区。这一阶段对应史前文化的一个时期，并且在名仓地区已经发现了一些考古遗址：包括神田（Kanda）遗址和名仓遗址贝冢点。在岩芯内，砂质粉土中木炭微粒含量比下层沉积物更丰富，表明阔叶林作为燃料可能与河漫滩沉积物的沉积同时发生。来自内陆的冲积土壤有助于稳定适宜灌溉的冲积环境，但可能减少有利于滨珊瑚属和蜂巢珊瑚属种群生长的沿海环境，正如近期内陆红土壤的流出损害了珊瑚生长一样。

4.7 总结及后两章节简介

琉球岛弧珊瑚研究积累了大量与地形地貌历史演变相关的知识，可以与更新世和全新世人类在岛屿活动的历史人类学和考古学证据相关联。本章阐述了几个死亡滨珊瑚的种群与来自小流域岩芯的数据，证实了人类活动的两个影响：环境退化和地形演变。前一个指的是，即使在史前时期，内陆的人类活动也一定程度破坏了珊瑚生存的浅水环境；第二个指的是这些人类活动还促进了小流域冲积环境的发展和稳定，使其逐渐变成适用于水稻种植的灌溉池塘。日后研究的重点应该是借助过去、现在和未来的地形地貌累积变迁特征以及特殊的地质演变事件，侧面揭示自然与人类之间的相互作用（Kirch，2005）。

地形地貌作为历史产物的观点不是独一无二的，早在1955年就被自然科学和人文学界所共享。当年，Wenner-Gren人类学研究基金会在普林斯顿大学就“人类在改变地球面貌方面的角色”举行了一个里程碑式的国际研讨会，来自地理学、生态学、动物学、植物学、历史学和人类学等学术领域的研究人员聚集在一起共同讨论了人类活动引起的环境变化（Thomas 1956）。著名地理学家卡尔·萨尔组织了本次研讨会，从回首、分析和展望三部分进行了详细阐述，认为回顾与展望是相同场景的不同终点，而今天也是时间线上的一点（Williams，1987）。地形史的研究也应该更加开放，共同探讨自然变化与人类活动之间的相互作用对未来地形地貌的塑造。

近期的规划工作也呼吁必须从历史性角度描述当前和未来的地形地貌（Marcucci，2000），重点强调了以下几个方面：①了解地形地貌的长期演变在一定程度上纠正了欣赏特定文化传统、原始地形地貌或协调生态系统的狭隘本质主义（essentialism）的偏激思维倾向；②人类与自然之间相互作用的一致性对克服环保主义与极端发展之间的分歧是有益的；③历史性角度有助于认识现在的规划，一旦实施就会成为未来地形史的一部分；④早期开展的历史调查为当地居民参与地形规划提供了方法，让他们成为地形史方面的专家。

特别地，上述的第④点将成为规划方面的独特理念，表明考古学家可以通过将学术成果和个人历史叙述编纂成当地的地形史，从而促进居民之间的对话。接下来的两个章节将介绍许多关于利用石垣岛珊瑚礁进行传统灰泥开采等相关的历史生态学研究，以此来说明传统产业模式并不一定符合现代环境保护主义，而应该被视为关于生物资源的生态保护和地方社会经济发展的平衡。同时，还将介绍现代企业利用当地或个人知识开拓生物资源和地形史研究的学术成果。例如，“生态旅游”的概念倡导了一种全新的关于发现珊瑚和珊瑚礁经济及文化价值、而不是为保护而保护的思维方式。

参考文献

Camoin GF, Yasufumi I, McInroy D (2005) The last deglacial sea level'rise in the South Pacific: offshore drilling in Tahiti (French Polynesia). IODP Sci Prosp 310:1–51.

Fleming K, Johnston P, Zwartz D, Yokoyama Y, Lambeck K, Chappell J (1998)Refining the eustatic sea-level curve since the last glacial maximum using far- and intermediate-field sites. Earth Planet Sci Lett 163:327–34.

Foster HL (1965) Geology of Ishigaki-shima, Ryukyu-retto, Geological Survey professional paper 388-A. US Government Printing Office, Washington, DC.

Hikida T, Ota H (1997) Biogeography of reptiles in the subtropical East Asian islands. In: Proceeding of the symposium on the phylogeny, biogeography and conservation of Fauna and Flora of East Asian Region, National Science Council, R.O.C, pp 11–28.

Hongo C (2010) High-resolution Holocene sea-level change based on coral reefs and hermatypic corals. J Geogr 119(1):1–16.

Hongo C, Kayanne H (2008) Holocene coral reef development under windward and leeward locations at Ishigaki Island, Ryukyu Islands, Japan. Sediment Geol 214:62–73.

Ikeda S, Kasuya M, Ikeya M (1991) ESR ages of middle Pleistocene corals from the Ryukyu islands. Quat Sci 36:61–71.

Jian Z, Wang P, Saito Y, Wang J, Pflaumann U, Oba T, Cheng X (2000) Holocene variability of the Kuroshio Current in the Okinawa Trough, northwestern Pacific Ocean. Earth Planet Sci Lett 184:305–319.

Kan H (2002) Development of coral reefs and the environmental change in coastal zone – sea level rise and revisiting of Holocene high energy window. Bull Soc Sea Water Sci Jpn (Nippon Kaisuigakkaishi) 56(2):123–127.

Kan H (2010) Holocene history coral reefs in the Ryukyu islands. Archaeol J (Koukogaku J) 597:24–26.

Kan H, Kawana T (2006) Catch-up of a high-latitude barrier reef by back-reef growth during post-glacial sea-level rise, Southern Ryukyus, Japan. In: Proceedings of the 10th international coral reef symposium, Japanese Coral Reef Society, Tokyo, 494–503.

Kan H, Hori N, Kawana T, Kaigara T, Ichikawa K (1997) The evolution of a holocene fringing reef and island: reefal environmental sequence and sea level change in Tonaki island, the central Ryukyus. Atoll Res Bull 443:1–20.

Kawana T (1989) The Quaternary changes of earth's crust in the Ryukyu islands. Chikyu Mon (Gekkan Chikyu) 11(10):618–630 (In Japanese).

Kinoshita N (2012) Formation of culture and movement of people in prehistoric Ryukyu-with focus on the mutual human- geographical relation between islands. Bungakubu-ronso (Univ of Kumamoto) 103:13–27 (In Japanese).

Kirch PV (2005) Archaeology and global change: the Holocene record. Annu Rev Environ Resour 30:409–440.

Kirch PV, Hunt TL (eds) (1997) Historical ecology in the Pacific islands. Yale University Press, New Haven and London.

Kizaki K (1980) Ryukyu-ko no Chishitsu-shi. Okinawa Times Press, Naha (In Japanese).

Koba M (1992) Influx of the Kuroshio Current into the Okinawa Trough and Inauguration of Quaternary Coral-Reef Building in the Ryukyu Island Arc, Japan. Quat Res (Daiyonki-Kenkyu) 31(5):359–373.

Kobayashi R, Yamaguchi T, Yamano H (2013) Remote sensing evaluation of spatio-temporal variation in coral-reef formation in Ishigaki, Yaeyama islands, toward a study of prehistoric insular resource utilization. Q Archaeol Stud 60(2):55–72 (In Japanese).

Kuroda T, Ozawa T (1996) Studies of land bridges and the migration of men and other animals along them – paleoclimatic and vegetational changes during the Pleistocene and Holocene in the Ryukyu islands inferred from pollen assemblages. J Geogr (Chigaku Zasshi) 105 (3):328–342 (In Japanese).

Machida H et al (eds) (2001) Nippon no Chikei 7: Kyushu and Nanseishoto. University of Tokyo Press, Tokyo (In Japanese).

Macintyre IG (1975) A diver-operated hydraulic drill for coring submerged substrates. Atoll Res Bull 185:21–26.

Marcucci DJ (2000) Landscape history as a planning tool. Landsc Urban Plan 49:67–81.

Matsuura S (1996) A chronological review of Pleistocene human remains from the Japanese Archipelago. In Omoto K (ed) Interdisciplinary perspectives on the origins of the Japanese, International Research Center for Japanese Studies, Kyoto, 181–197.

Matsuda H, Arai K, Machiyama H, Iryu Y, Tsuji Y (2011) Submerged reefal deposits near a present-day northern limit of coral reef formation in the northern Ryukyu Island Arc, northwestern Pacific Ocean. Island Arc 20:411–425.

Matsuda H et al (2012) Paleoceanography reconstructed from shallowwater carbonates during glacial periods in the northern part of the Ryukyus. Chikyu Mon (Gekkan Chikyu) 34(6):363–372 (In Japanese).

Matsui M, Ito H, Shimada T, Ota H, Saidapur SK, Khonsue W, TanakaUeno T, Wu G (2005) Taxonomic relationships within the Pan-Oriental Narrow-mouth Toad *Microhyla ornata* as revealed by mtDNA analysis (Amphibia, Anura, Microhylidae). Zool Sci 22:489–495.

Milne GA, Long AJ, Bassett SE (2005) Modelling Holocene relative sea-level observations from the Caribbean and South America. Quaternary Science Reviews 24:1183–1202.

Nakagawa H (1983) Outline of Cenozoic history of the Ryukyu islands. Geol Soc Jpn (Chishitsugaku-ronsyu) 22:67–79 (In Japanese).

Nakagawa R, Doi N, Nishioka Y, Nunami S, Yamaguchi H, Fujita M, Yamazaki S, Yamamoto M, Katagiri C, Mukai H, Matsuzaki H, Gakuhari T, Takigami M, Yoneda M (2010) Pleistocene human remains from Shiraho-Saonetabaru Cave on Ishigaki island, Okinawa, Japan, and their radiocarbon dating. Anthropol Sci J Anthropol Soc Nippon 118(3):173–183.

Obata M, Tsui Y (1992) Quaternary geohistory inferred by seismic stratigraphy of a carbonate province in an active margin, off Miyako island, south Ryukyus, Japan. Carbonates Evaporites 7:150–165.

Osozawa S, Shinjo R, Armid A, Watanabe Y, Horiguchi T, Wakabayashi J (2012) Palaeogeographic reconstruction of the 1.55 Ma synchronous isolation of the Ryukyu islands, Japan, and Taiwan and inflow of the Kuroshio warm current. Int Geol Rev 54 (12):1369–1388.

Ota H (1998) Geographic pattern of endemism and speciation in amphibians and reptiles of the Ryukyu Archipelago, Japan, with special reference to their paleogeographical implications. Res Popul Ecol 40(2):189–204.

Ota H (2003) Toward a synthesis of paleontological and neontological information on the terrestrial vertebrates of the Ryukyu Archipelago, I: systematic and biogeographic review. J

Fossil Res (Kaseki Kenkyu-kai Kaishi) 36(2):43–59.

Sagawa N, Nakamori T, Iryu Y (2001) Pleistocene reef development in the southwest Ryukyu islands, Japan. Palaeogeogr Palaeoclimatol Palaeoecol 175:303–323.

Sasaki K, Omura A, Miwa T, Tsuji Y, Matsuda H, Nakamori T, Iryu Y, Yamada T, Sato Y, Nakagawa H (2006) ^{230}Th/^{234}U and ^{14}C dating of a lowstand coral reef beneath the insular shelf off Irabu island, Ryukyus, southwestern Japan. Island Arc 15:455–467.

Sowa K, Watanabe T, Kan H, Yamano H (2014) Influence of land development on Holocene Porites coral calcification at Nagura bay, Ishigaki island, Japan. PLoS One 9(2):e88790.

Suzuki H, Hanihara K (eds) (1982) The Minatogawa man: the upper Pleistocene man from the island of Okinawa, Bulletin, no. 19. University Museum, University of Tokyo, Tokyo, Japan.

Takamiya H, Kin M, Suzuki M (1975) Excavation report of the Yamashita-cho Cave Site, Naha-shi, Okinawa. J Anthropol Soc Jpn (Jinruigaku Zasshi) 83(2):125–130 (In Japanese)

Thomas WL Jr (ed) (1956) Man's role in changing the face of the earth: an international symposium under the co-chairmanship of Carl O. Sauer, Marston Bates, Lewis Mumford. Univ. of Chicago Press, Chicago.

Toizumi T (2010) Vertebrate resource use in prehistoric Amami and Okinawa islands. Archaeol J (Koukogaku J) 597:15–17 (In Japanese).

Toma S (1981) Tonaki-jima no Iseki. Reports of Okinawa Prefectural Museum II (Okinawa Kenritsu Hakubutsukan Sogo Chosa Hokokusho II), Tonaki Island, pp 41–49 (In Japanese).

Williams MW (1987) Sauer and "Man's role in changing the face of the earth". Geogr Rev 77(2):218–231.

Yamaguchi T, Kayanne H, Yamano H (2009) Archaeological investigation of the landscape history of an Oceanic Atoll: Majuro, Marshall Islands. Pac Sci 63(4):537–565.

第5章　灰泥的生产：传统用途及冲绳石垣岛珊瑚的研究

深山直子（Naoko Fukayama）

20世纪70年代，以建设新机场为目的的石垣岛潟湖填海工程引起了巨大争议。从那时起，珊瑚因其显著的生物学和生态学价值而应得到妥善保护的理念在岛上广泛传播。然而，人们似乎忘记了珊瑚礁曾被当作生产石灰和水泥等建筑材料的原材料。通过实地考察，特别是对退休灰泥工的访谈，专家组还原了灰泥的传统制作过程，并讨论了20世纪40—60年代灰泥产业蓬勃发展与衰落的原因，描述了石灰匠人对社会发展做出的贡献。现阶段，想要更好地保护和修复珊瑚礁生态系统，充分了解和尊重珊瑚的传统使用史以及珊瑚相关的各方面知识显得尤其重要。

5.1　石垣岛及珊瑚保护概述

石垣岛（石垣島，Ishigaki-jima）是琉球岛弧南部八重山群岛的第二大岛屿，距离冲绳岛超过400 km，距离中国台湾不到300 km，在行政上属于冲绳县石垣市，是八重山群岛的商业和交通运输中心，该市现有人口约47 000人。

琉球群岛位于亚热带气候区，具有独特的陆地和水文环境，可以观察到发育良好的珊瑚礁，特别是在八重山群岛、宫古群岛、冲绳岛和奄美群岛附近，吸引了许多国内外游客前来观光。然而，近几十年间，特别是第二次世界大战后，人类活动导致这些地区的珊瑚礁发生了严重退化；在20世纪70—80年代，更是遭到了长棘海星的严重破坏。1998年以来，海水温度升高又引起珊瑚大规模白化。因此，珊瑚的保护和修复已经成为一个紧迫的生态问题。近年来，大量科学家和自然保护主义者先后访问并实地考察了琉球群岛，调查了其珊瑚礁现状，研讨并提出了相关的应对策略。事实上，目前已经在岛上广泛宣传并强调了珊瑚具有重要的生物学和生态学价值，应该得到妥善保护，因此掀起了一股“珊瑚热潮”。

然而，在20世纪70年代末期，冲绳县计划在石垣岛东南部的白保地区开垦潟湖并建立新机场。白保地区以其丰富的珊瑚礁生物资源而闻名，特别是蓝珊瑚种群。该项目引发了来自该地区外的科学家和自然保护主义者以及当地居民的广泛抗议，大家普遍认为，珊瑚具有重要的生物学和生态学价值，应予以保护。同时，珊瑚的文化价值也被用来支持这一观点，并强调白保的潟湖是当地的传统渔场（Noike，1990；Kobashigawa and Mezaki，1989）。到了1989年，经过长期的讨论，该填海计划最终被搁置，建立新机场的议题似乎也加速了石垣岛的“珊瑚热潮”。

我们从2009年开始对当地的珊瑚礁开展野外调查，并很快注意到当地居民（特别是那些经历过“珊瑚热潮”之前生活的居民）对珊瑚礁的保护并未持十分积极的态度。事实上，他们中的大部分人几乎从未去过海边，对珊瑚更是知之甚少。例如，一位80多岁的男子指出，直到最近人们才开始谈论珊瑚；而另一位70多岁曾从事捕鱼活动的居民说，过去没有人认为珊瑚是好的或漂亮的生物。但是自从新机场问题出现以来，情况发生了变化。因此，对于珊瑚和珊瑚礁的“积极”态度可能是地方性的或非传统的。

事实上，根据当地民族志学者Fumi Miyagi所写的经典民族志记载，长期以来，岛上的捕鱼活动一直是“原始的”和“非常不活跃的”，只是对日常生活的一种补充。不过，书中确实提到当地居民直接使用珊瑚作为建筑材料和厨房用具［Miyagi，1982（1972）］。此外，当地语言学家Tousou Miyara编写了《八重山方言字典》，其中包括与珊瑚相关的词条。至少在1930年以前，说着当地方言的原居民基本上认为珊瑚是“石头”（表5.1）（Miyara，1930）。

目前，当地关于珊瑚的理解与过去存在差异。基于这一点，本章简要介绍了当地的传统石灰膏和灰泥制作工艺，其中灰泥是一种由珊瑚制成的深加工产品，这是从2009—2012年期间，我们在石垣岛开展的实地调研工作中所了解到的。

表 5.1　《八重山方言词典》中与珊瑚相关的词条（Miyara，1930）

名称（日文）	使用地区	音标	词性	字面意思
イナガ・イシ	Shiraho	inaga-is'i	n.	海中的石头
イン・マチィ	Ishigaki, Shiraho	im-matsy	n.	海松
ウール	Ishigaki	u:ru	n.	海中的石头
ウル・イシ	Ishigaki, Shiraho	uru-is'i	n.	海中的石头
カサ・イシ	Ishigaki	kasa-is'i	n.	瓷砖
カツォーラ・イシ	Shiraho	katso:ra-is'i	n.	瓷砖
チィブリィ・イシ	Ishigaki	tsYburY-is'i	n.	菊花石
ボージィ・イシ	Ishigaki	bo:dzY-is'i	n.	光头石
ムン・ッシィ・イシ	Ishigaki	Mun-ssY-is'i	n.	打麦石
ウール・ヌ・パイ	Ishigaki	u:ru-nu-pai	n.	海中石头的碎片
ウールヌパイ・イシ	Ishigaki	u:ru-nu-pai-is'i	n.	Stone for sea stone ash

* 这里的“石垣”是指石垣岛西侧的原石垣町，石垣町使用八重山标准方言（Miyara，1930: 3）。

5.2　冲绳县的灰泥产业史

在石垣岛周围人口稠密的地区，如志贺町（Shika）市区，用珊瑚做建筑材料的私人住宅随处可见（图 5.1）。这些建筑用圆形脑珊瑚做基石，驼峰珊瑚被切割制成路沿石或做墙砖，分散排布的分枝珊瑚做碎石。在当地的宗教场所（标准八重山方言中称作“on”，在标准冲绳方言叫做“utaki”）中，珊瑚石随处可见。有些情况下，珊瑚本身也被视为崇拜的对象（图 5.1）。Miyagi 指出，因为它们参差不齐的表面，珊瑚也被用作厨房用具（如石磨）。另外，珊瑚还像石头一样作为织机或船只的加重物。

今天，当地居民几乎不可能从潟湖中采到珊瑚。但是，过去他们曾经采集了大量的珊瑚并进行加工。此外，当地居民还收集海滩上散落的死珊瑚，或对现有的珊瑚制品进行二次加工。

灰泥作为冲绳最为广泛的珊瑚加工产品而备受关注。众所周知，作为建筑材料的灰泥自古以来被广泛应用于世界各地，主要用于制作墙面和平整光滑的地板表面。灰泥是一种典型的建筑材料，是熟石灰和水组成的糊状物经过风干后得到的，具有硬度强的特点。

图 5.1　珊瑚用作石垣岛私人住宅和宗教场所的建筑材料（作者于 2009 年 8 月摄）

日本制作熟石灰的原料大致分为"山岩"和"海岩"。其中，"山岩"指的是石灰石，"海岩"则包括贝壳和珊瑚等。两者的主要成分都是碳酸钙，而"山岩"更为常见。在加工过程中，"山岩"和"海岩"经过焙烧（煅烧）变为生石灰（氧化钙，CaO），随后加入水将生石灰转化成熟石灰或水化石灰［氢氧化钙，$Ca(OH)_2$］，同时释放出大量的热量（图 5.2）。

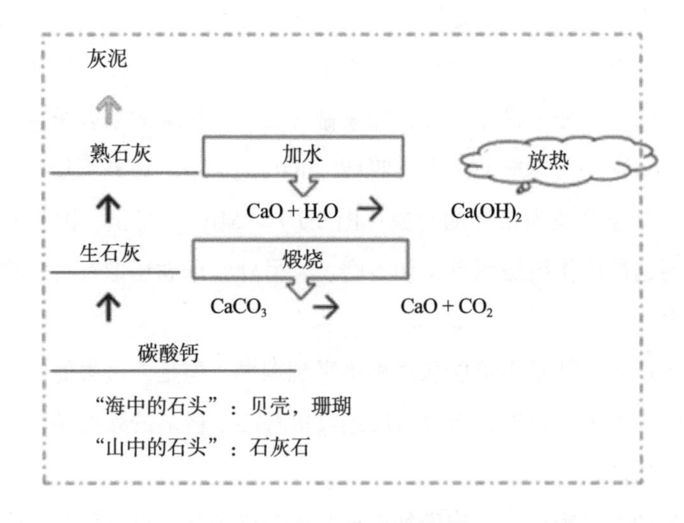

图 5.2　灰泥的主要成分

珊瑚作为冲绳的灰泥原料，在日本东南部的四国和九州（Kyūsyū）的几个地区被广泛使用。在冲绳，通常将切碎的稻草添加到灰泥中，而不是像日本其他地区使用海藻和麻类等长纤维植物。经过上述工艺流程生产出来的产品在冲绳及石垣岛被叫做“muchi”，它最初的意思是捣碎的米糕，因为石膏有类似的质地。在石垣岛的志贺町（Shika），粉状生石灰也被称为“ūru-nu-pai”，字面意思是珊瑚灰岩或“海洋岩石”（表 5.1）（Miyara，1930）。

在冲绳，灰泥主要用于制作屋顶，而不是平滑墙壁或地面。传统屋顶通常采用叫做“卡瓦拉”的无釉瓷砖，将灰泥填充于接缝处以加固整个屋顶。灰泥的大规模使用是很重要的，特别是在台风季节能抵抗暴雨。另外，灰泥可以用来建造陵墓或加入船板和墙砖中以增加强度。同时，在成为熟石灰之前，生石灰也是生产红糖不可或缺的添加剂。

现存的关于冲绳灰泥研究的历史文献很少。研究发现，1731 年，一名中国人传播了运用窑炉煅烧贝壳进而制造灰泥的方法（Kyūyō and Kenkyūkai，1974；Kuniyoshi，2004）。日本首里城的石墙上已经大规模使用灰泥，该城是建于公元 15 世纪的琉球王国宫殿。因此，冲绳地区开始使用窑炉生产灰泥的时间可能更早（Kuniyoshi，2004）。在灰泥开始制造的初期，琉球王国设立了专门机构控制其生产、销售和使用。在这段时间里，砖瓦屋顶只允许在首里的城堡、寺庙等某些“绅士阶级”（统治阶级）的房子建造中使用，而乡村使用的更多是茅草屋顶。因此，屋顶瓦的使用集中在首里市和相邻的那霸市，这些城市对灰泥的需求很高，即瓦片和灰泥作为建筑材料是一种城市现象。

1879 年，明治政府废除了琉球（Ryūkyū）王国，将岛屿列为冲绳县，取消了对屋顶瓦的使用限制，人们对灰泥的需求量普遍增加（Ishii，2010）。

在第二次世界大战期间，特别是在冲绳战役中，许多建筑物被摧毁。战争结束后，在琉球群岛的“政府”（即在美国占领冲绳期间本地自治政府）主导的恢复过程中，鼓励重建房屋并使用瓦片屋顶，一轮新的“建设热潮”悄然开始，灰泥的生产和销售又重新繁荣起来。然而，不久之后，随着工业水泥和瓷砖等新型建筑材料的大规模普及，灰泥的需求量又再次迅速下降。1972 年，当冲绳回归日本时，《海域渔业调整条例》中规定，粉碎礁石、收集砂岩等都属于违法行为。

据记载，石垣岛的屋顶瓦工匠来自冲绳岛，1695年，他们开始在窑中制作瓷砖（石垣市总务局编辑部，1999）。在解除对屋顶瓦片和灰泥的使用限制之后，与冲绳的其他地方一样，石垣岛的灰泥需求显著增加。然而，直到20世纪初，来自冲绳岛的泥水匠都只在有工作的时候才居住在石垣岛。后来，渐渐有人带上家人在石垣岛定居（石垣市历史编辑委员会，1995）。在第二次世界大战之后，石垣岛的传统建筑风格和技术不像冲绳岛那样快速被替代（Higa，2006），因此，使用屋瓦和灰泥的“建设热潮”持续到1960年左右，似乎还出现了不少当地出生的泥水匠。20世纪60年代，一些破坏性的台风袭击了石垣岛，新材料和新型建筑风格被迅速推广，泥水匠的数量也随之下降。到1967年，岛上最后一个瓦片厂关闭（石垣市历史编辑委员会，1995）。1989年，为了复兴传统的建筑文化，泥水匠MN先生开了一个新的瓦片厂，但在几年之后关闭。

5.3 石垣岛泥水匠的故事

目前，石垣岛上已经没有懂得利用珊瑚生产灰泥的工匠了，但许多老年人都记得岛上曾经有很多灰泥窑。本章就传统泥水匠的工作和生活分别采访了TU先生、已经退休的MN先生以及AB先生的遗孀。

冲绳地区泥水匠的工作类型难以细分，但大致包含4项与涂抹灰泥相关的专业技能：①以珊瑚为原料的采集；②煅烧珊瑚生产生石灰；③将石灰加工成灰泥；④将灰泥涂抹于屋瓦。严格来说，从事④工作的才算得上真正意义的“泥水匠”。然而，在诸如石垣岛等偏远岛屿上，工匠往往需要掌握多种技能。事实上，TU先生具备②、③及④技能，而MN先生和AB先生都具备上述4项技能。此外，MN先生甚至还生产屋瓦。以下采访详细叙述了从①到③的生产过程。

3位泥水匠都是在第二次世界大战前开始从事相关工作的（表5.2）。如上所述，石垣岛上的“建筑热潮”从20世纪40年代持续至1960年前后，此时活跃的泥水匠有两种类型：一种像TU先生，几代人都从事泥水匠工作；另一种像MN先生和AB先生，从他们这一代开始从事泥水匠工作。其中，TU先生的祖父和父亲是冲绳岛首里的泥水匠，他们是第一批来岛工作的人，决定在石垣岛定居后，把家人从首里带了过来。灰泥的生产是他们的家族产业，TU先生很小就开始了他的职业生涯，担任父亲的助手。相比之下，MN 先生和 AB 先生是从石垣岛的其他泥水匠那里学习了这些技能。有意思的是，AB 先生曾经在冲绳岛从事灰泥交易，可能与父亲的家乡首里建立了联系后才成为泥水匠的。MN 先生年轻时就有许多工作经验，随后开始在屋瓦厂工作，并在石垣岛上掌握了灰泥工艺等各种技术。在回到自己家乡独立生活之前，他还在冲绳岛做过泥水匠。据 TU 先生介绍，最初石垣岛上没有专业的泥水匠，新入行者来自各行各业；他为家族和血统感到自豪，因为“合法的”泥水匠工艺可以追溯到冲绳岛的首里，其祖先是为琉球王国工作的匠人。

表 5.2　三位泥水匠的基本情况一览表

姓名	AB	TU	MN
出生年份	1911	1928	1933
出生地	石垣岛	石垣岛	石垣岛
父母	冲绳岛	冲绳岛	父亲来自岛根县，母亲来自石垣岛
背景	石垣岛上的灰泥商人→石垣岛上的泥水匠	从小就是石垣岛上的泥水匠	杂工→石垣岛上的泥水匠→那霸的泥水匠→石垣岛上的泥水匠
泥水匠类型	新来的泥水匠	世代从事泥水匠工作	新来的泥水匠

下面将详细介绍灰泥的生产过程。3 位泥水匠自己采集或从当地渔民那里收集新鲜的珊瑚作为原料（图 5.3）。AB 先生和妻子住在首里，低潮时来到石垣岛附近的潟湖，走在干燥或水浅的地方，在礁石顶部、特别是在礁前一侧采集珊瑚。然后，用铁棍敲打珊瑚基底，将掉落的珊瑚放在稻草篮里，接着运到潟湖，并让渔民用船运到海滩。许多种类的珊瑚都可以用于灰泥的加工。但是由于密度不同，扁平状珊瑚比尖状珊瑚更易处理。与之相比，TU 先生和 MN 先生主要从当地渔民那里收集珊瑚。这些渔民从事活珊瑚采集和捕鱼工作，他们大多来自冲绳岛南部的宫古群岛和伊斯曼群岛等其他岛屿。不过，TU 先生和 MN 先生有时候也在海边捡拾死亡的干珊瑚，或者重新使用从老房子里回收的珊瑚。

图 5.3 载满珊瑚的卡车（1961 年摄于石垣岛志贺町）©Makio Andō
（经许可，转载于 Yaeyama 专辑：20 世纪的轨迹，Vol.2. 石垣市，2001）

灰泥窑由泥水匠使用黏土、瓷砖和砖块制成（图 5.4）。由于燃烧珊瑚会释放大量烟雾和气味，因此，灰泥窑主要建在海滩上或分布在城镇的郊区。各个地区用珊瑚生产灰泥的方法大致相同，但也存在细微的差异。首先，将活珊瑚进行干燥处理，然后将其整齐地堆放在窑内，避免堵塞通风孔；之后，用柴火、废油或废弃轮胎作燃料来煅烧珊瑚，用时大约三天两夜或 50 小时，期间至少需要两个人来不断添加燃料。

图 5.4 1965 年，TU 先生在石垣岛志贺町拥有的石窑 © Hiroo Ōnaka
（经许可，转载于 Yaeyama 专辑：20 世纪的轨迹，Vol.2. 石垣市，2001）

灰泥窑停止燃烧后，自然冷却一天，然后将珊瑚取出。此时，珊瑚已经变成白色生石灰，但仍保持原来的形状。接着，将珊瑚粉碎并用切碎的稻草覆盖，加入水进行混合。此时，混合物在化学反应过程中释放大量热量，需要格外小心。最后，泥水匠用杵和研磨机将混合物捣碎成灰泥。据 MN 先生介绍，一次可以生产大约 500 袋、每袋 20 kg 的灰泥，其具体产量取决于窑的大小和珊瑚的数量。

用灰泥作为原料进行建筑施工时，先将灰泥带到施工现场，将其与水和沙子按照一定比例混合，然后将灰泥铺在瓦片上。泥水匠除了自己使用，还出售生石灰和灰泥。另外，生石灰也可用于红糖的生产。

5.4 珊瑚礁生态保护及其启示

通过上述对石垣岛灰泥生产史的简要介绍，本章主要总结了如下 3 个方面的内容。

首先，本章还原了传统灰泥的生产工艺及流程。但由于传统泥水匠数量的不断减少，大量细节仍未得到完整记录。目前比较清楚的是，至少在冲绳岛，来自海洋的珊瑚曾经被集中收集并作为生产灰泥的原材料，是当地建筑文化中不可替代的自然资源要素。

其次，由于琉球王国时代的法律规定和远离冲绳岛的地理特征，石垣岛灰泥的供需长期受到限制。当琉球王国被废除时，这些限制随之解除，情况开始发生改变。特别是在第二次世界大战后，随着“建筑浪潮”的兴起，泥水匠数量迅猛增长。但从 20 世纪 60 年代开始，新材料和新型建筑风格逐渐被引入石垣岛，泥水匠的数量开始下降，这些情况发生在很短的时间内。1972 年颁布的《海域渔业调整条例》终止了珊瑚的采集与利用。另外，自 20 世纪 70 年代以来，社会视角下的珊瑚已经从可利用自然资源转变为被保护的对象。因此，当地居民几乎忘记了曾经的珊瑚建筑文化。

最后，研究还发现了石垣岛上的泥水匠作为一个群体的独特性和非整体性。自琉球王国时代以来，石垣岛一直位于琉球群岛边界，除了原居民之外，还有大量出于种种原因从其他岛屿移居至此的民众。来自首里和那霸的泥水匠的后代是石垣岛引进和传承这种传统技能的人；有不同背景的新泥水匠是在“建造热潮”兴起时和灰泥需求量明显增大时加入进来的，这种转变可以被视为泥水匠的本土化进程。

如今，在自然生态保护的背景下，珊瑚不能被采集和利用，而只能用作观赏并且予以保护。由于缺乏基于传统风俗的地方文化理念，这种趋势是否能够成功地保护和修复当地的珊瑚仍存在一定的不确定性。因此，需要尊重珊瑚利用的历史和传统，认识到合理利用珊瑚资源的多种可能性，并在当地居民生产生活的社会历史背景下研究不同层次的文化理念，才能实现以地方和生态为中心的可持续发展目标。

参考文献

Higa T (2006) A study on the cement roof tiles of Sakishima Islands, Miyako and Yaeyama [Sakishima (Miyako Yaeyama) ni okeru semento gawara no ichikousatsu]. J Nago Mus: Ajimā [Nago Hakubutsukan Kiyou: Ajimā] 13:77–95. (in Japanese).

Ishigaki City (1995) History of Ishigaki City, itemized discussions: folklore vol. 1 [Ishigaki shishi kakuronhen: Minzoku, Jyō]. Editorial Committee on History of Ishigaki City. (in Japanese).

Ishigaki City (1999) History of Ishigaki City, series 13: Yaeyama Islands Annual Records [Ishigaki shishi sousho 13: Yaeyamajima nenraiki]. Editorial Section of the General Affair Department, Ishigaki City. (in Japanese).

Ishigaki City (2001) Yaeyama album: track of 20th century, vol. 2 [Yaeyama shashinchō: 20 seiki no wadachi, Gekan]. (in Japanese).

Ishii R (2010) Archaeology of roof tiles of the Islands: stories of Ryūkyū and roof tiles [Shimagawara no koukogaku: Ryūkyū to kawara no monogatari]. Shintensha. (in Japanese).

Kobashigawa T, Mezaki S (1989) Coral sea of Shiraho, Ishigaki Island: surviving miracle coral reef, revised and enlarged version [Ishigakijima Shiraho sango no umi, Zouhoban: Nokosareta kiseki no sangoshō]. Kobunken. (in Japanese).

Kuniyoshi F (2004) Plaster as a molding material: introduction of the Okinawan plaster study [Zoukeisozai to shiteno shikkui ni tsuite: Okinawa shikkui kenkyu josetsu]. Bull Okinawa Prefectural Univ Arts [Okinawa Kenritsu Geijyutsu Daigaku Kiyou] 12:37–50. (in Japanese).

Kyūyō Kenkyūkai (1974) *Kyūyō* [Kyūyō]. Kadokawa Shoten Publishing. (in Japanese).

Miyagi F (1982(1972)) Yaeyama lifestyle records [Yaeyama seikatsushi]. Okinawa times. (in Japanese).

Miyara T (1930) Yaeyama vocabulary [Yaeyama goi]. Toyo bunko. (in Japanese).

Noike M (1990) Living in the coral sea: life and nature in Shiraho, Ishigaki Island [Sango no umi ni ikiru: Ishigakijima Shiraho no kurashi to shizen]. Rural culture association Japan. (in Japanese).

Okinawa Prefecture Website (in Japanese) http://www.pref.okinawa.jp/reiki/34790210014300000000/34790210014300000000/34790210014300000000.html. Available on 07 Jan 2014.

第6章　生态旅游：石垣岛珊瑚保护与地形史研究的应用分析

下田健太郎（Kentaro Shimoda）

“生态旅游”指的是人类“建立对大自然认知的媒介”（Kikuchi，1999）。它不是一个呆板的概念，而是人们对自然、生态和人文等的心理反应。给当地居民提供一个具体案例，让他们认识到有效利用自然资源的途径。根据对日本石垣岛“生态旅游”的研究，本章讨论了与生物资源开发相关的地方或个人知识同地形史学术成果之间可能的联系，以及当地居民与外界的动态关系。通过一些生于石垣岛的生态旅游从业人员的叙述，研究人员认为，以生物或生态知识为基础的“观察自然所需的技能和知识”的重要性是相对的。研究成果可以作为①连接人与自然的媒介；②唤起当地居民关于石垣岛地形史的回忆，关注当地生态与珊瑚。如果在他们现在和未来的生活中能够有效地利用地形史进行规划，那么生态旅游与石垣岛自然环境的共存情况都将会有所改善。

本文共有4个部分，分别概述了石垣岛的“生态旅游”，岛内外人员往来与环境的关系，岛上“生态旅游公司”运用学术研究成果促进旅游业的发展，最后一节描述了当地和个人知识与地形史学术成果之间可能存在的关联。我们的大部分研究基于访谈和观察，也包括在石垣岛进行现场工作和宣传的B02研究组的活动。

6.1　石垣岛生态旅游概述

冲绳成为旅游景点时，其珊瑚礁已经被列为保护对象（Yanaka，2007）。学者开始以“发展”与“保护”相冲突来形容冲绳的珊瑚礁，促使造成珊瑚礁破坏的无序发展停止。然而，旅游业已经对自然环境产生了负面影响，并成为一个新的社会问题，许多发达经济体也面临着类似的困境。1992年，在巴西召开的“地球峰会”上，首次把环境保护议题提升到“全球性峰会”的层面。10年后，联合国宣布2002年为国际生态旅游年，标志着生态旅游的一个转折点。联合国还将“生态旅游”确定为可以用来解决全球环境问题的有效行动。

1972年，美国将冲绳归还日本后，日本相继制定并颁布了《冲绳推广发展规划》《冲绳推广和发展特别治理法》和《冲绳旅游发展基本计划》，从而推动了冲绳旅游业的快速发展。此外，从20世纪80年代后期到90年代初期的泡沫经济期间，日本政府于1987年5月出台了《综合保养地域整备法》（《Resort法》）。1997年，石垣市宣布开发旅游业后，游客人数不断增加，2009年，冲绳岛游客人数大约为73万（冲绳县，2012）。至此，旅游业已经成为冲绳岛上的支柱产业，而旅游业快速增长带来的环境负担也引发了一系列问题（石垣市，2010）。

石垣岛上第一个开发生态旅游的相关组织“石垣岛生态旅游网”（EN）于2000年开始运行，几年后便停止了活动。2005年，“石垣海岸安全休闲会议”（LCSC）开始运行，一年后制定了《生态旅游指南》。“石垣岛西方指导协会”（WGA）于2010年开始运行，着手制定了生态旅游指南及其生态旅游相关组织规则（八重山每日新闻，2010年6月9日）。2011年，成立“石垣岛生态旅游协会”（EA）。上述活动表明，只有少数人参加了上述所有组织（EN除外），生态旅游的概念在石垣岛上并没有得到统一的理解，且每个团体都试图以自己的方式在环境保护的基础上发展旅游业。

本项目调查了提供生态旅游的相关旅游公司，查找范围包括：①公司名称中包括“生态旅游”一词；②在其主页上宣传“生态旅游”；或③以“生态旅游公司”（以下简称“公司”）刊登广告。根据对公司主页、杂志的调查以及采访，发现石垣岛上有27家公司符合上述标准。同时，通过调查每家公司法定代表人的故乡，发现27名法人代表中有5人是在石垣岛出生并成长，16人在石垣岛上定居，剩余6人的背景不详。总之，上述27个公司法定代表人中有一半以上是从岛外移居至石垣岛的。

6.2 “岛民”和“外来人”的环保意识

在2010—2012年间，本文作者采访了在石垣岛经营生态旅游公司的7位法定代表人，也采访了其他8位有关人士，包括地方行政人员和生态环保人士。

上述人员居住在石垣岛，他们对岛上的自然环境有很强烈的归属感，并且环境保护意识也特别强烈。例如，A先生（一个50岁的男人）在20世纪90年代创办了生态旅游公司，认为石垣岛的发展潜力很大，且岛屿周围的海洋生态环境比西表岛更好（2012年3月12日）。B先生（一个50岁的男人）出生在冲绳岛上，1981年来石垣岛定居，他说："我想住在石垣岛，因为这里的自然环境吸引人，岛上有海、山以及河流（2011年5月19日）。"上述大多数调查对象都是日本环境部门的园区志愿者，定期参加志愿清洁活动。从A先生和B先生的答复（"岛屿周围的海洋比西表岛周围的海洋要好"以及"岛上有海、山以及河流"）中可以看出，大多数受访者似乎侧重自然和生态的重要性。

作者观察到迁移至石垣岛上的生态旅游公司法定代表人的另外一个特点是将自己与"岛民"之间的认识差异归结于他们是"外来人"，并提到忽视环境和破坏珊瑚礁的"岛民"形象。例如，E先生（一位来自东京的20多岁男子）说，一些渔民认为，石垣岛周围不应该有很多珊瑚礁。他们为此提出各种理由，认为珊瑚礁会阻挡船只、摧毁渔网，阻碍其在潟湖中行走等。而孩子们在小学期间认识到珊瑚是重要的，他们的父辈和祖父并不担心红壤侵蚀（这对珊瑚礁产生了负面影响），这两种相互冲突的思想之间应该能够找到平衡（2011年5月20日）。

另一个问题是年长的"岛民"是否教导过移民在石垣岛上生活的智慧和传统？C先生（一个来自东京的40岁男人）是社区中心的公务人员并且参加了PTA，有机会和年长的"岛民"交流。他发现这些年长的"岛民"并不十分擅长与"外来人"交流。陆地上的农药流入河里，他们吃河里被污染的鱼，这样的情景不适合生态旅游（2010年8月26日）。

另外，他们还提到"岛民"与"外来人"之间的环境保护意识存在分歧。一位从事生态旅游的法人代表承认"外来人"为保护石垣岛自然生态而做出的努力，但他还认为，"外来人"与他们之间似乎有不同的思维方式（2010年8月20日）。综上所述，从事生态旅游的法定代表人普遍意识到"岛民"和"外来人"在环境生态保护方面存在差异。

6.3 与自然和谐的必需技能和生态知识

作者在调研期间参加了 5 家公司举办的“生态旅游”活动，其中一次在石垣岛周边旅行了 1 天，沿途参观了平久保海角、玉取崎观望台、石垣岛湾、一个著名的珊瑚礁观察点、米原的八重山棕榈树种群、吹通川河（Fukido）附近的红树沼泽和石垣岛西部的名仓河等。另外，其他 4 次“生态旅游”分别在狭窄的水湾处提供了漫步、浮潜和划独木舟等旅游服务，本章全面记录了每一位导游对自然和文化的描述。

表 6.1 列出了一个生态旅游公司导游提供的关于“动物”“植物”“地形”和“民俗”4 个类别的名称。作者用标准的日语和英语列出了导游使用石垣岛土著语言描述的动物、植物和地形的名称，与珊瑚礁有关的名称用黑体字印刷的术语进行描述。表 6.1 所列出的与珊瑚礁有关的名称数目极其有限，这一特点在所有 5 家公司都很常见。显然，表 6.1 中列出了许多“动物”和“植物”名称，但“地形”和“民俗”的名称寥寥无几。

表 6.1　生态旅游公司导游提供的名称一览

动物	植物	地形	民俗
珊瑚	火龙果	珊瑚礁	*Kuchi*
野鸡	普奈坚果	潟湖	*Okinawa-guchi*
白胸水鸡	芋头	丘陵地带	*Daruma-guchi*
孔雀三色堇	旋叶松	平原地带	*Yasura-guchi*
椰子蟹	圭亚那莲叶桐		*Yarabu*
老虎	棱果榕		*Muchi*
畸纹紫斑蛱蝶	海芒果		*On*
鬼脸蟹	蕨棕榈		
文蛤	扇子花		
绿海龟	紫罗兰		
普通玫瑰蝶	水黄皮		

续表

动物	植物	地形	民俗
招潮蟹	红树林		
凹指招潮蟹	海边牵牛花		
弹涂鱼	山苏花		
琉球树蜥	山棕		
先岛滑蜥	杂色榕		
和尚蟹	琉球椰子		
圆球股窗蟹	灰红树林		
泥鳅	黑红树林		
红树蚬	细叶榕		
厚壳纵帘蛤	榄仁树		
隆背大眼蟹			
榕黄蜂科			

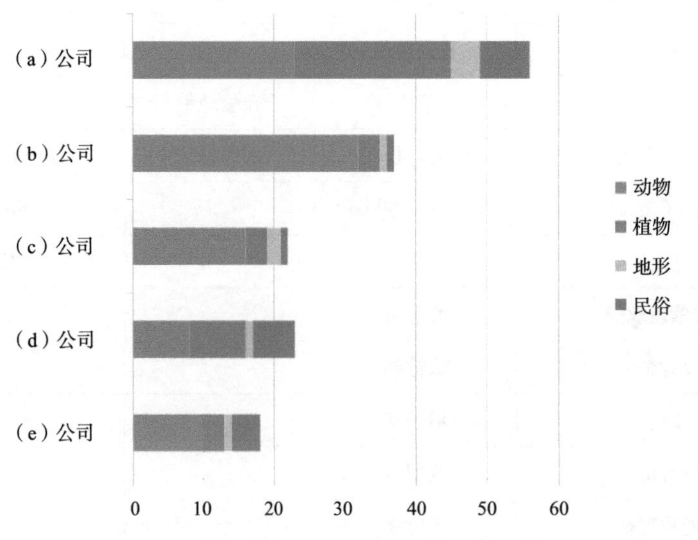

图 6.1　5 家生态旅游公司导游提供的名称对照示意图

虽然本文所讨论的资料只是由5家生态旅游公司导游提供的，但在石垣岛旅行期间观察到下列现象：①“珊瑚礁”一词很少被导游使用；②大部分旅行中，导游介绍了包括与动物和植物相关的生物学和生态学知识；③导游仅介绍少量的本土案例。上述结果表明，导游广泛使用观察、解释自然所需的技能和生态知识。另一方面，在西表岛（Yamana Kara Suna Pitu）导游手册中，出现了生态旅游的差异性特征。这手册是非常有意义的，是由“岛民”编写的，借鉴了岛民及其祖先在日常生活中养成的“与自然相关的技能和知识”。本手册的标题可译成“山脉、河流、海洋和人类”，描述了西表岛上以土著语言命名的自然、动物、植物、位置和节日等，以及与捕鱼和使用植物相关的土著生产生活知识与技能（Ankei et al., 1994）。上文强调了“观察大自然所需要的技能和生态知识”“与本地自然生态相关的技能和知识”并没有一直用于石垣岛的生态旅游。这不仅解释了为什么只有少数“岛民”为生态旅游公司的法定代表人，还解释了“岛民”和“外来人”二元论者的存在。

通过分析在石垣岛出生和长大的公司法定代表人的叙述，可以帮助我们了解“与自然相关的技能和生态知识”背后的概念。F先生（一个50岁的男子）是一位渔民，有时也在他的渔船上经营生态旅游项目。他说：“我不明白管理资源等于环境保护的思维方式，确实恢复珊瑚礁可以产生更多的鱼类，但我觉得二者有所不同”（2010年8月25日）。他强调“渔民意识”，指出资源管理对他很重要，每年10月至次年6月他都在名仓湾附近安置固定的岸网进行捕捞作业。他说：“名仓湾附近的海很好，有很多地方过去可能是珊瑚礁，大约1 m深的海床下面有两倍拇指厚度的条形石珊瑚，名仓湾珊瑚礁的繁殖周期在过去二三十年已经缩短（2011年8月24日）”。F先生也于每年7—11月从事拦网捕鱼活动，他说：“即使打碎海里的珊瑚，它们也不会死。我打碎珊瑚，将珊瑚碎片放在拦网上，在许多情况下，珊瑚将在一到两年内再生。然而，小滨岛邻近海域的珊瑚并不能再生”（2011年8月24日）。

G先生（40多岁的男子）在家乡利用独木舟经营生态旅游。由于当地兴建度假公寓，G先生被迫搬迁，来到石垣岛。2011年之前，他的办公室位于街边，那里有他祖先种植的巨大胡桐树（poon）。在扩建国道的计划实施之前，包括G先生父亲在内的村民社区中心人员要求石垣市政府拯救树木，这些树木才免于毁灭。G先生说：“我想在长有巨大胡桐树的大街附近建立我的办公室，让客人看到这些胡桐树”（2011 年 5 月 20 日）。据 G 先生介绍，这些树木出现在他家人和祖先的许多故事中（图 6.2）。

图 6.2　石垣市街道旁有巨大的胡桐树（K. Shimoda 摄，2011）

G 先生并没有把重点放在生态保护上。与 F 先生相似，G 先生强调与大自然相处的方法。他说：“因为我在这个岛上出生和长大，我才需要在这方面有所作为，既可以描述我童年时期看到的风景，也可以记录发生的变化，当然‘保存’是不可能的。我看到家乡的变化，想为下一代保留这些记忆……想获得与家乡有关的丰富知识。红树林面临的危险是什么？海岸附近的森林如何变化？动物的行为如何改变？‘环境’这一概念对我而言太过于宽广，难以完全理解（2011 年 5 月 20 日）”。

G 先生说：“我认为认识到环境压力是重要的。在工作期间，我为年轻女孩做导游时，谈到了许多生活在潮间带的生物，有时候她们静静地站着，害怕踩着螃蟹等生物，我认为这有些不正确。我跟她们谈了如何在潮间带中日常行走，但我永远不会说，在潮间带中走动时踩到生物是错误的（2012 年 3 月 13 日）”。

西表岛的生态旅游导游手册和在石垣岛出生和长大的旅游公司法人代表的相关叙述为游客提供了“与自然合作所需的技能和知识”的更多细节。他们还提醒到，基于生物和生态学知识，“观察自然所需的技能和知识”的重要性是相对的。下一节将讨论当地或个人知识与地形史学术成果之间的可能联系。

6.4 当地居民的实践与地形史学术成果之间的可能联系

如果把生态旅游视为“建立对大自然认知的媒介”，研究者可能成为对生态旅游产生影响的主要因素。他们依靠科学知识发现自然、认识自然，可能在自然资源评估中扮演重要角色。

在采访中观察到公司职员高度重视相关学术成果。例如，2012 年 3 月 12 日，D 先生（一名 40 岁的男子）说：“我在互联网上阅读了学术论文”。另外一位公司职员展示了他在家里保存的一系列学术论文。H 先生（一名 50 岁的男子）属于行政助理（executive assistant，EA），他认为自己是一个中间传播者，他的角色是为普通人阐释学术成果，并以所有人都容易明白的方式普及这些成果（2011 年 8 月 22 日）。

B02 研究组分别于 2010 年 8 月和 2011 年 8 月 4 日在石垣市举办了讲座，总结了相关研究结果，相关受访人员也参加了这些讲座。B02 研究组希望借此构建一个人与自然相关联的地方历史。2012 年 3 月，作者与 B 先生调查了名仓湾的小型环礁。本章将讨论基于这些拓展活动所取得的学术成果及其对“生态旅游”实践和“当地居民”的影响。

H 先生的叙述表明了从事生态旅游的导游如何将学术成果转化为可能使游客感兴趣的“话题”。D 先生参加了 B02 研究组举办的讲座，他说：“一个好的导游需要具备丰富的知识。他 / 她需了解许多话题用以娱乐游客，才能让游客感到旅行的乐趣。经常有一些游客问我，他们看到的坚果或贝类是否可食用。不是所有来石垣岛的游客都有自然经验，大多数人是希望自己能暂时脱离城市生活……当我决定开办生态旅游公司后，便很努力地学习自然与生态方面的知识……我很感谢你们的讲座（2012 年 3 月 12 日）”。

虽然每个导游都有各自独特的主题，但是所有的受访者都根据他们所了解的“知识”（例如，生物学、生态学、历史学、地形学、民俗学等）展开话题。

B02 研究小组的目标之一是制订描述名仓环境历史的方案，并侧重人与自然的相互关联。除了参加讲座外，B 先生还协助了对微型环礁的调查。关于本次研究成果，他说：“我解释说，名仓的基岩大约在 3 000 年前已经开始上升。但是，与微型环礁相关的准确数据是非常重要的。我虽然已经知道了小环礁在名仓的存在，但是，B02 研究小组通过调查，以有趣的方式解释了微环礁存在的重要性”（2011 年 5 月

19日）。“在讲座中，我了解到名仓的自然环境不是由海平面变化而形成的；相反，它是由侵蚀形成的。虽然我的估计是错误的，但是这个新的见解是有趣的……当我开展生态旅游服务时，我会与游客们分享我的知识和经验……我通过参加这种调查，不仅得到相关知识，而且丰富了我的见闻。实际上，这些讲座也将增添我的故事”（2012年3月14日）。

上述采访表明，B先生意识到名仓的微型环礁是宝贵的自然资源，还试图将他在调查和讲座中获得的经验与故事融入他的生态旅游服务中。B先生的事例表明，研究成果以及对当地环境史的调查放大了自然环境中生态“资源”的附加价值及其增值效应。

最后，本章还讨论了与研究相关的拓展活动所提供的可能性，文章中描述了“岛民”和“外来人”之间可能发生的竞争，还讨论了“观察自然所需的技能和知识”以及“与自然和谐共处的技能和知识”之间可能存在的差异。这些差异可能是由石垣岛中参与生态旅游产业的人之间发生的不和谐引起的。然而，石垣岛的历史和现实证明了这种二分法概念的危险。例如，琉球王国时期和战前的丝满渔民，以及离开宫古岛的自由移民等许多人开始迁入（Miki，2010）。目前，“参与式行动研究”（participatory action research，PAR）逐渐成为人们关注的焦点。

PAR是一种社会实践方法，指由一组人实现的合作学习，这些人参与解决问题，促进相关人员之间的对话。PAR过程涉及自我反思循环的提升，例如，规划改变、行动、观察改变的过程和结果，从而进行优化并重新设计（Kemmis and Mctaggart，2005）。在“参与者观察”期间，基于社会科学中的传统调查方法，研究者要避免参与其中，因为它可能会影响调查对象的主观意愿，研究者对真实存在的对象的理解具有很高的参考价值。相比之下，PAR研究人员预先假设的参与将对调查结果产生直接影响。

图6.3显示了调查问卷的结果，反映了B02研究组在2010—2011年期间举办的讲座所取得的成效。参与者的年纪从十几岁到八十多岁，职业包括教师、学生、研究人员、办公室工作人员、公务员、农民、当地历史学家、染工和生态旅游公司职员等，各行各业人员都对讲座的主题“当地历史”抱有兴趣（Marcucci，2000）。2011年8月19日，在名仓社区中心举办讲座后，主办方提供了充足的时间以便参会

者围绕讲座主题展开小组讨论；许多人喜欢与其他参与者分享他们对老一辈生活方式的回忆（图 6.4）。这样，实践工作和研究成果可能发挥如下作用：①使人和人产生联系的媒介；②唤起当地居民记忆的催化剂，如果能够创新一种机制，在未来空间规划中有效利用这些人的记忆，那么石垣岛生态旅游以及人与自然共处的方式都将有所改善。

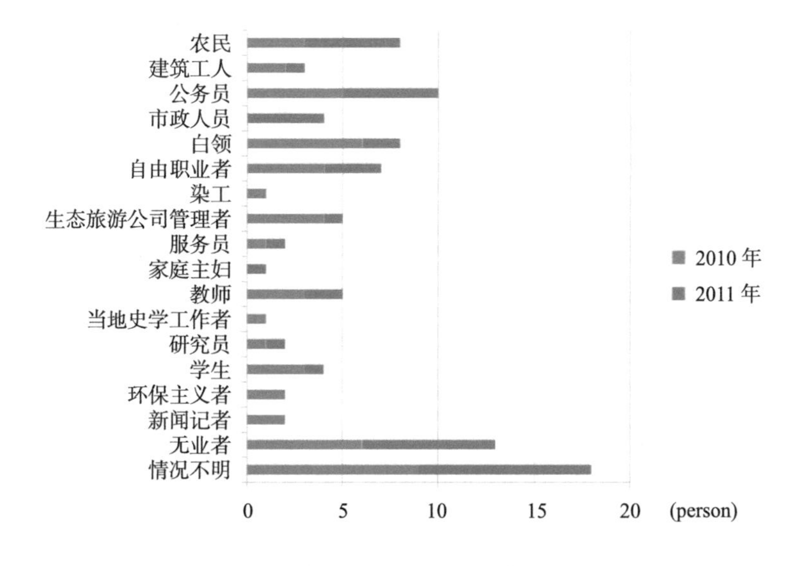

图 6.3　讲座参与者职业分布示意图

图 6.4　讲座后交流会现场（K. Shimoda 摄，2011）

致谢

许多人为完成本部分内容做出了贡献。特别感谢石垣市教委会、石垣市图书馆、名仓社区中心、八重山博物馆等大力支持；衷心感谢所有慷慨分享生态旅游实践和历史记忆的受访者。

参考文献

Ankei Y，Ishigaki A，Ishigaki K，Itani G，Oba N，Sakaguchi N，Satake K (1994) Yamana Kara Suna Pitu: Iriomote Island ecotourism guide-book. Iriomotejima Ecotourism Kyokai，Okinawa (In Japanese).

Ishigaki City (2010) Ishigaki shi kanko kihon keikaku (In Japanese).

Kakuma S (2006) The challenges and methods in MPA，coral reef conservation，and ecotourism in tropic and sub-tropic regions: a case study of Zamami in Okinawa and the Asia-Pacific Islands. In: Shinzaki S (ed) A study of a sustainable development model for small island communities near Naha，Okinawa confronting depopulation and aging (FY2003–2005) final research report of grant-in-aid for scientific research (B), pp 101–119.

Kemmis S, McTaggart R (2005) Participatory action research: communicative action and the public sphere. In: Denzin N, Lincoln Y (eds) Handbook of qualitative research, 3rd edn. Sage Publications, Thousand Oaks, pp 559–604.

Kikuchi N (1999) Toward a perspective of environmental sociology on eco-tourism: reconsidering "Inhabitants" and "Nature". J Environ Sociol 5:136–151.

Marcucci DJ (2000) Landscape history as a planning tool. Landsc Urban Plan 49:67–81.

Matsumura M (2001) General survey of tourism studies of Yaeyama Islands: dynamic relations of people in Taketomi, Iriomote, and Kohama Islands with nature. Environ Dev Cult Asia-Pac Soc 2:140–202.

Miki T (2010) Yaeyama gashukoku no keifu. Nanzansha, Okinawa (In Japanese).

Okinawa Prefecture (2012) Kanko yoran heisei 23 nendo ban. (In Japanese).

Yanaka S (2007) Shakai kankei no naka no sigen: Watarama kaiki sango sho o megutte. In: Matsui T (ed) Shizen no sigenka. Kobundo, Tokyo, pp 83–119 (In Japanese).

第 7 章　全球变暖下的珊瑚礁生态系统

茅根创（Hajime Kayanne）

目前，大气中的二氧化碳（CO_2）浓度已经超过 400×10^{-6}，因此，我们必须为 21 世纪出现“+2℃世界”做好准备。珊瑚礁生态系统的安全与全球变暖直接相关：空气中的 CO_2 浓度增加，导致海洋酸化并抑制珊瑚的钙化。同时，全球变暖引起表层海水温度上升，进而诱发珊瑚发生严重热白化。此外，全球变暖还能引起海平面上升，致使珊瑚礁和环礁岛被淹没。珊瑚礁作为热敏感的海洋生态系统，是评估海洋生态应对全球变暖的预警预报系统。最近 17 年，西北太平洋的珊瑚白化事件和表层海水温度记录显示，表层海水温度上升 2℃会引起严重的珊瑚礁白化；表层海水的 pH 值降低 0.3 将导致珊瑚礁从以硬珊瑚为主转变成以非钙化的大型藻类或软珊瑚为主；海平面上升 1 m 将导致珊瑚礁被淹没，从而丧失防浪堤功能。总而言之，全球变暖的诱发因素与珊瑚的热胁迫响应机制相互作用并耦合成为一个反馈回路（Feedback loops），以此来强化或稳定系统内发生的一系列变化。

7.1　“+2℃世界”中的珊瑚礁

2013 年 6 月，来自莫纳罗亚山的监测结果显示，大气中的日均 CO_2 浓度自 1958 年以来首次超过了 400×10^{-6}（Monastersky，2013），这是过去几百万年来的最高水平；而在工业革命之前，该指标从未达到 300×10^{-6}。第五届联合国政府间气候变化专门委员会的评估报告（intergovernmental panel on climate change，IPCC AR5：http://www.ipcc.ch/，2013）指出：大气中 CO_2 浓度的升高导致 20 世纪全球平均气温上升 0.85℃，海平面上升 0.19 m，pH 值下降 0.1 个单位。

政府间气候变化专门委员会第五次评估报告（IPCC AR5）依据四项代表性浓度路径（representative concentration pathways，RCP）预测出未来的 CO_2 浓度可能达到

421×10^{-6}（RCP2.6：数据表明2100年相对于1750年的总辐射作用量，单位为 Wm^{-2}）、538×10^{-6}（RCP4.5）、670×10^{-6}（RCP6.0） 及 936×10^{-6}（RCP8.5）（Moss et al., 2010）。如果立刻减少 CO_2 的排放量，2100年RCP2.6预测的 CO_2 浓度将成立；如果继续依赖化石燃料作为能源，则RCP8.5预测的 CO_2 浓度成立。如果不能立刻减少 CO_2 的排放量（RCP2.6），到21世纪末地球表面温度相较于1850—1900年可能会升高超过1.5℃（图7.1a）。研究全球气候变化的大多数研究人员担心“+2℃世界”将不可避免；在极端情况下，甚至会出现“+4℃世界”（RCP8.5）。最糟糕的情况是，到21世纪末，海平面将上升1 m（图7.1b）。伴随着 CO_2 的增加，表层海水pH值将下降0.1 ~ 0.4个单位（图7.1c），即海洋酸化。

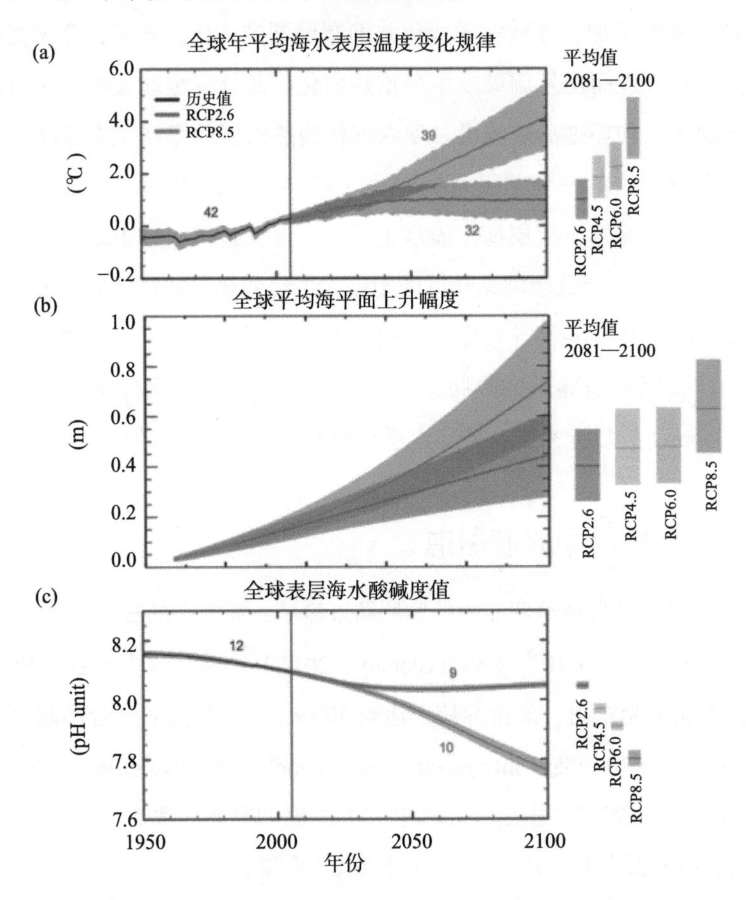

图7.1 表层海水温度、海平面高度和海水pH值在1950—2100年和1986—2005年间的变化趋势图
（a）全球年平均海水表层温度变化，（b）全球平均海平面上升幅度，（c）全球表层海水酸碱度值（IPCC AR5）；RCP2.6和RCP8.5代表推测和不确定性（阴影）

全球生态系统适应当前的气候，人类生存也与当前的生态系统和气候变化相联系，所以，全球气候加剧变化可能会使生态系统和人类社会崩溃。通过预测生态系统的变化趋势来应对未来全球气候的异常可以有效指导人类社会的发展策略。例如，1997—1998年间发生的全球珊瑚礁白化事件不仅吸引了珊瑚礁科学家的关注，也吸引了对全球气候变化感兴趣的研究人员。表层海水温度异常升高诱发珊瑚白化，即宿主珊瑚中共生虫黄藻损失从而导致珊瑚大量死亡，这是生态系统大规模响应全球变暖的第一次典型事件。在此之前，珊瑚礁研究人员认为，区域人类活动影响是珊瑚礁的主要压力源，而全球气候变化只会成为21世纪某一段时间内的严重问题。在白化事件发生之后，研究人员认为，全球气候和当地自然环境的变化都会对珊瑚礁造成严重影响（Wilkinson，2002）。

珊瑚礁的状态不仅与全球变暖直接相关，而且与导致全球变暖的其他因素也有关系（图7.2）。珊瑚礁是海水中碳酸钙的主要形成区域，而海洋酸化将抑制珊瑚的钙化作用，导致碳酸钙生成速率降低。另外，表层海水温度升高将造成更频繁和更严重的珊瑚礁白化，海平面上升也将导致珊瑚礁被淹没，使其丧失作为天然防波堤和多种海洋生物栖息地的生态功能。

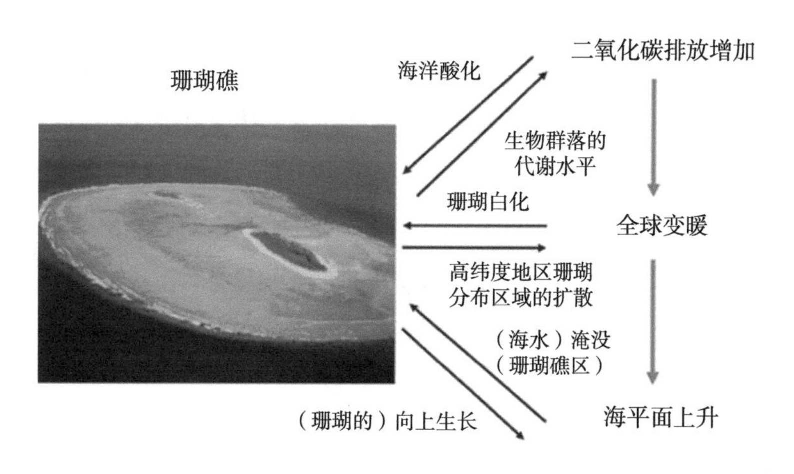

图7.2　珊瑚礁对海水中CO_2浓度增加的响应

Hoegh-Guldberg等（2007）推测，在CO_2浓度为（450 ~ 500）$\times 10^{-6}$的情况下，全球表层海水平均温度将上升2℃，珊瑚的密度和多样性可能会下降。在CO_2浓度不

小于 500×10^{-6} 和 +3℃的热压力条件下，大型藻类将代替珊瑚，在珊瑚礁生态系统中占据主导地位。在 CO_2 浓度为 450×10^{-6} 和 +2℃的热压力条件下，珊瑚礁生态系统将发生严重退化，这些在后来关于珊瑚礁对全球变暖反应的评估中再次被证实（Hoegh-Guldberg and Bruno，2010；Veron et al., 2009），该阀值符合 IPCC 规划中（RCP4.5 或 RCP6.0）"+2℃世界"的预测。Silverman 等（2009）提出，引起珊瑚礁侵蚀而不是发育的海洋酸化阈值为 550×10^{-6}。他们认为，高 SST（表层海水温度，sea surface temperature）和低 pH 值的协同作用将导致珊瑚礁退化。另一方面，Frieler 等（2013）声称即使只有 +2℃的热胁迫，也足以引起全球三分之二的珊瑚礁发生大规模退化。

事实上，珊瑚礁的响应并不那么简单，而是会对气候变化产生负反馈效应。CO_2 浓度的增加将加速碳酸钙沉积物的溶解以及光合作用，这两者都可以降低珊瑚礁水域 CO_2 的浓度。全球变暖还将拓展珊瑚的分布范围，扩大其栖息地，并使珊瑚礁生长的速度赶上海平面上升的速度。研究表明，珊瑚有可能适应未来的海洋酸化和 SST 上升。

珊瑚礁对全球变暖的反应是非常复杂的。到目前为止，尽管全球变暖的幅度并不是很大（IPCC AR5：−0.1 个 pH 单位的海洋酸化、+0.85℃的温度、+0.19 m 的海平面），但是珊瑚礁的生存已经受到全球变暖的影响并做出响应。作为最敏感的海洋生态系统，珊瑚礁是研究和预测海洋生态系统应对全球变暖的预警预报系统，对早期珊瑚生长环境特征的分析有助于预测未来珊瑚礁应对全球变暖所发生的变化。

7.2 全球变暖

7.2.1 珊瑚白化的温度阈值

自 1997—1998 年发生的全球珊瑚白化事件以来（Wilkinson et al., 1999），再也没有发生过类似的全球性事件，但局部区域高于正常阈值的 SST 仍会导致区域性珊瑚白化。实地观察和实验结果均表明，高于正常夏季最高温度 1 ~ 2℃的热胁迫可能导致大量珊瑚白化（Jokiel and Coles，1990）。几周内 SST 小幅增加（0.5 ~ 1.5℃）或几天内大幅增加（3 ~ 4℃）都会造成珊瑚白化（Baker et al., 2008；Glynn，1993）。因此，高温是导致珊瑚白化的主要原因。

从 1997 年以来，美国国家海洋与大气管理局（national oceanic and atmospheric administration，NOAA）通过卫星监测了世界范围内的 SST，并公布了以 1° 经度乘以 1° 纬度为标尺的网格热斑图，展示了 SST 异常升高地区的珊瑚热白化情况。在此模型中，每个异常热斑作为周热度指数（degree heating weeks，DHW），以此来评价珊瑚的白化情况。DHW 反应了某一区域在过去 12 周内水温异常升高的情况（Liu et al., 2003；Liu et al., 2006）。当异常值不小于 1℃时，珊瑚会激活热胁迫响应；而小于 1℃时，该异常不足以对珊瑚造成明显压力。两个 DHW 相当于两周的异常表层海水温度（+1℃）或者 1 周的异常 SST（+2℃）对珊瑚产生的热胁迫效应。根据经验，发现 DHW 值为 4.0℃会引起珊瑚白化；当 DHW 值达到 8.0℃时，珊瑚可能普遍白化，甚至会导致一些珊瑚死亡。

Kayanne 通过跟踪西北太平洋串本町、高知、奄美大岛、冲绳岛、石垣岛、小笠原群岛、关岛和帕劳群岛 8 个岛屿的珊瑚白化事件，验证了 DHW 作为珊瑚大规模白化阈值的有效性。通过对这些地区自 1998 年以来的珊瑚白化事件进行详细调查和分析，发现这些珊瑚白化事件发生的时间和地点都存在差异，从而有效地检验了它们与这些地区温度异常的相关性。

在石垣岛东南沿海的白保礁，沿着固定横断面进行为期 55 年的勘测调查，发现热胁迫是导致珊瑚覆盖度下降的主要原因（Harii et al., 2014）。白保礁的珊瑚种群在 1998 年珊瑚白化事件后减少了一半，但到 2000 年又明显恢复（Kayanne et al., 2002）。在此期间，分支表孔珊瑚属（*Montipora*）的大规模死亡导致该区域珊瑚覆盖度出现了短暂下降，但 2009 年后又逐渐恢复（图 7.3；Harii et al., 2014）。2003—2009 年间，珊瑚覆盖面积下降的原因包括 2007 年珊瑚白化事件（Dadhich et al., 2012）和 2004—2007 年大型台风对珊瑚造成的机械破坏。例如，2007 年发生的珊瑚白化事件导致石垣岛以南的石西礁（Sekisei）潟湖中 60% 的鹿角珊瑚死亡（Nojima and Okamoto，2008）。

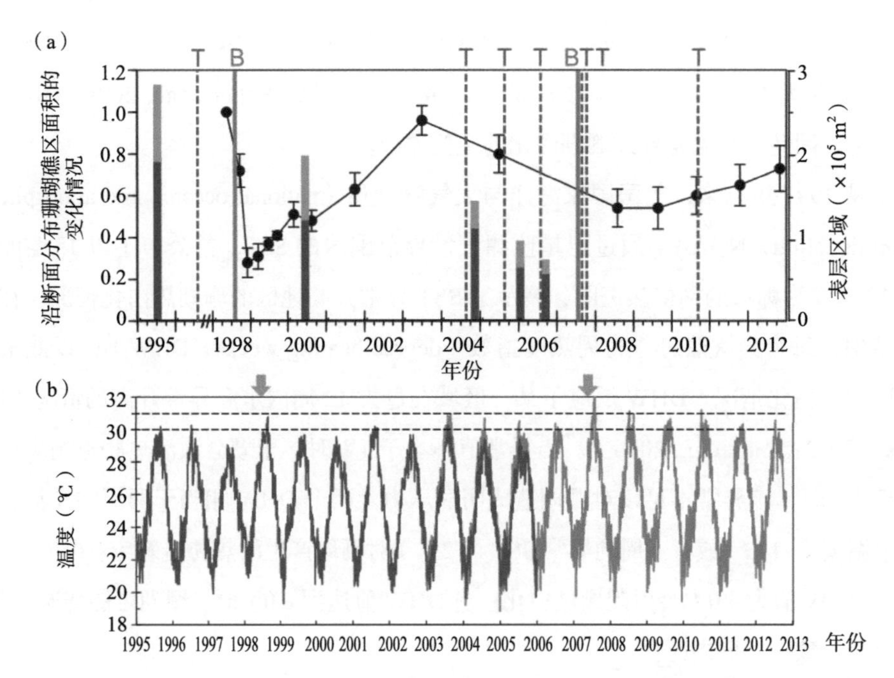

图 7.3 (a)从 1998—2012 年 5 条横断面线上的 6 个主要珊瑚属 / 物种的总净面积时序变化
条形图显示珊瑚覆盖率($\times 10^5\ m^2$)从 50% 提高到 100%(黑条);白保礁 1995—2006 年期间,珊瑚覆盖率为 5% ~ 50%(灰色条);B 为珊瑚白化事件(灰线),T 为台风(黑线)。(b)1998—2012 年石垣岛(蓝线)和白保礁(粉红线)周围的时序表层海水温度[来自 Harii 等(2014),经 Inter Research 许可]

根据相关报道,1998 年和 2001 年在奄美大岛发生了岛屿规模的珊瑚白化事件(http://www.coremoc.go.jp/375)。冲绳岛在 1998 年和 2001 年也发生了两次珊瑚白化事件(Woesik et al., 2011)。另外,冲绳岛还分别在 1980 年、1983 年、1986 年、1991 年、1994 年、1995 年、1996 年和 2003 年发生了珊瑚白化事件(Nakano,2004 年);小笠原群岛在 2003 年 9 月发生了第一次珊瑚白化事件(Yoneyama et al., 2008 年);关岛在 1994 年和 1996 年发生了两次大规模的珊瑚白化事件,但诱发因素并非表层海水温度升高(Paulay and Benayahu,1999);帕劳于 1998 年曾发生了严重的珊瑚白化事件,但其覆盖面积不到 10 年便得到恢复,直到 2010 年又经历了另一次珊瑚白化事件(Woesik et al., 2012)。

通过回顾性研究上述 8 个地区的珊瑚白化事件,发现它们与基于卫星图像的 DHW 数据存在紧密关联。综上所述,DHW 可以作为珊瑚大规模白化的预警指标,其规律为：DHW> 8℃将引发严重的珊瑚白化；在 DHW<4℃将引发区域性珊瑚白化事件，这可能是局部浅水珊瑚遭受热胁迫导致的。DHW> 8℃时往往对应 1 个月的平均异常温度不低于 2℃。在全球变暖的大背景下，“+2℃世界”很容易达到珊瑚白化的热胁迫条件。因此，除非立即解决全球变暖问题，否则珊瑚礁每年都会遭受严重的白化事件；除非珊瑚能够适应热胁迫条件，否则全球的珊瑚礁将在本世纪内完全消失。

7.2.2 珊瑚分布区域向两极的扩张

在热带地区，珊瑚热白化事件已经频繁暴发。全球平均海水温度的升高有利于珊瑚将生存范围扩大至更高纬度的地区，因此，其物种分布可能发生极向（poleward）移动。据报道，陆地生物群落的平均极向移动速率为 6.1 km/10 年（Parmesan and Yohe，2003），是由陆地等温线以 27.3 km/10 年的极向移动速率决定的（Burrows and Richardson，2011）。与陆地生物相比，海洋生物主导的平均极向移动速率为（72.0 ± 13.5）km/10 年，生活在中上层的生物的极向移动速率更快（Poloczanska and Brown，2013）。

珊瑚礁生态系统广泛分布的日本海岸是一个监测全球变暖引起的海洋生物极向移动的绝佳观察点（Sugihara et al., 2009; Veron and Minchin，1992）。Yamano 等（2011）发现，自 20 世纪 30 年代以来，29°—35°N 范围内的大多数珊瑚物种的极向移动速率为 140 km/10 年。自 20 世纪 30 年代以来，风信子鹿角珊瑚、美丽轴孔珊瑚、霜鹿角珊瑚（*A. pruinosa*）和单独轴孔珊瑚（*A.solitaryensis*）4 个珊瑚物种呈现极向扩张趋势，而没有任何珊瑚物种表现出向南移动，且极向移动速率高于陆生动物或其他海洋动物的平均速率。这可能是由日本大陆沿岸的 SST 增速相对较大（+1.5℃）以及强烈的黑潮对珊瑚幼虫的扩散作用引起的。

通过模型研究还发现，到 21 世纪末，珊瑚栖息地预计将向北移动数百千米（Yara et al., 2011）。然而，珊瑚的北向扩张可能受到 $\Omega_{aragonite}$=3.0 这一碳酸盐饱和状态等值线向南移动的影响（Yara et al., 2012）。同时，南方的珊瑚礁将遭受更加频繁的白化。根据模型分析结果，在对应 RCP8.5（继续依赖化石燃料作为能源）的情况下，珊瑚栖息地将在 21 世纪末消失。

7.3 海洋酸化及珊瑚生理机制

二氧化碳的人为增加导致海洋酸化以及碳酸钙饱和状态下降（$\Omega_{arag}=[Ca^{2+}]\times[CO_3^{2-}]/Ksp$），最终引起珊瑚钙化作用减弱（图 7.4）。已有研究证明了 CO_2 浓度升高对珊瑚钙化速率的影响。研究人员发现，指形鹿角珊瑚的钙化率随 CO_2 的增加而降低（Takahashi and Kurihara，2013）。此外，生物与生物之间、生物与自然环境之间也发生各种相互作用，这导致珊瑚钙化速率与 CO_2 之间的相互作用很有可能比从前推测的更加显著。

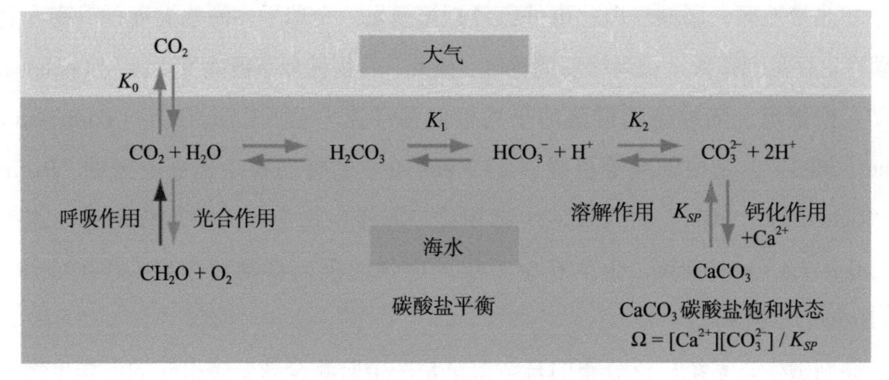

图 7.4　海洋碳酸盐体系及其机理示意图

在实验室中不能准确地预测哪些生物将取代当前珊瑚礁的优势种。大多数根据海洋酸化模型预测的群落变化描述了从硬珊瑚到非钙化大型珊瑚群落的过程，这类似于局部压力条件导致的珊瑚礁相变（Hoegh-Guldberg et al., 2007）。尽管珊瑚礁具有极高的生物多样性，但此前人们对非珊瑚生物的关注较少，需要在实验室和自然条件下开展大量的研究才能获得可靠结论。

此外，研究发现浅水珊瑚礁的物化水质指标存在较大的日变化。白保礁、石垣岛和琉球群岛的珊瑚在白天通过钙化和光合作用消耗约 400 $\mu mol\cdot kg^{-1}$ 的可溶性无机碳（dissolved inorganic carbon，DIC），并导致总碱度（total alkalinity，TA）降低 100 $\mu mol\cdot kg^{-1}$，且通过光合作用消耗的 CO_2 超过钙化作用（Kayanne et al., 2005）。碳酸盐化学的变化表明，礁坪上的珊瑚群落在能量代谢和流体力学方面存在明显差异（Watanabe et al., 2013）。夜间，随着光合作用的减少，DIC 增加，TA 值也保持稳定。但是，当水中霰石的饱和状态（$\Omega_{aragonite}$）在 2.5 ~ 3.8 之间时，发生在夜间的 DIC 溶解现象会导致 TA 值出现小幅度上升。此外，珊瑚礁沉积物含有很多有孔虫和钙质藻类形成的 Mg- 方解石，它们比霰石或方解石更易溶解（Morse et al., 2006）。

Yamamoto 等（2012）进行了一项溶解实验，发现当 $\Omega_{aragonite}$=3.0 时， Mg- 方解石开始溶解。Yamamoto 等（2015）的进一步研究发现，深度超过 5 mm 的沉积物孔隙水中的 $\Omega_{aragonite}$=3.0，正好是有孔虫形成 Mg- 方解石的碳酸盐饱和阈值，珊瑚进行有氧呼吸释放的 CO_2 被无机 Mg- 方解石溶解所中和，以维持恒定的饱和状态。表层沉积物的 $\Omega_{aragonite}$ 和 TA 值呈梯度分布，越接近水层的部分 TA 值越低，此处的 Mg- 方解石沉积物也逐渐发生溶解。溶解可能起到缓冲或调节作用，防止珊瑚礁沙质区域内 CO_2 的异常升高。

为了评估海洋酸化对珊瑚礁生态系统的影响，能够持续排放 CO_2 的海底裂缝正在受到越来越多的关注。其中，位于地中海（Mediterranean Sea）第勒尼安海的伊斯基亚岛最早得到了研究（Hall-Spencer et al., 2008）。在此处，随着 pH 值的不断降低，有丰富钙质生物的典型岩石海岸群落转变成缺乏造礁石珊瑚的群落，海胆和珊瑚藻丰富度明显减少，海草优势显著减弱。被报道的第二个地方是巴布亚新几内亚的米尔恩湾（Fabricius et al., 2011）。在此处，随着 pH 值从 8.10 下降到 7.80，珊瑚的多样性、补充量以及种群丰度相应减少，而大型藻类的丰度增加。但是，硬珊瑚的丰度并不受 pH 值影响。来自墨西哥的另一项研究也表明，降低高碱度海水的 pH 值会降低珊瑚的多样性（Crook et al., 2012）。上述研究说明，当 pH 降低为 7.80（$\approx 800\times10^{-6}$ CO_2）时，珊瑚礁区的优势种可能会转化为非钙化的大型海藻或海草。

据报道，Iwotorishima 岛是琉球群岛中一座无人居住的火山岛，同时也是一处有 CO_2 从珊瑚礁中逸出的地点（Inoue et al., 2015）。硬珊瑚仅存于非酸化的低 pCO_2（225×10^{-6}，pH 值 8.30）区域，斐济皮革珊瑚（*Sarcophyton elegans*）存在于中等 pCO_2（831×10^{-6}，pH 值 7.80）的区域，而较高的 pCO_2（$1\ 465\times10^{-6}$，pH 值 7.60）区域没有硬珊瑚和软珊瑚。实验室内的研究进一步证实了中等水平的 pCO_2 能够增强斐济皮革珊瑚的光合作用，而对光钙化作用无影响。上述研究表明，在（550 ~ 970）$\times 10^{-6}$ $p$$CO_2$ 条件下，珊瑚礁优势种可能由硬珊瑚转变为软珊瑚，硬珊瑚的生存遭到威胁。

7.4 海平面升高

7.4.1 珊瑚礁顶应对海平面上升的机理

从外形结构上看，珊瑚礁通常有一个较浅的礁坪和向海的礁坡。在多数情况下，礁坪边缘存在一个被称为珊瑚礁顶的台地，这是一个将礁坪与外海环境分隔的防波堤，使后面的礁坪和沿岸区域免受汹涌海浪的影响。在 7 000 ~ 4 000 年之前，珊瑚礁表面经过稳定增长后逐渐接近海平面 （Hamanaka et al., 2012）。到达海平面的首先是礁顶，其垂直堆积率为 0.1 ~ 0.4 m/100 年（Kayanne，1992）或 0.5 m/100 年（Hongo，2012）。一些快速增长的珊瑚，如分支状珊瑚中的鹿角珊瑚属（*Acropora*），垂直堆积率高达数米 /100 年（Montaggioni，2005）。它们是生长于海平面以下 3 ~ 5 m 的浅水物种，受防波堤旁边的湍急水流影响，无法构造起延伸至海面的礁顶。

通过调查西北太平洋全新世珊瑚礁沉积相中的物种，发现礁顶坚固的珊瑚礁通常由以下几种珊瑚组成：伞状和扁平状的鹿角珊瑚［指形鹿角珊瑚、风信子鹿角珊瑚、强壮鹿角珊瑚（*A. robusta*）/ 粗枝鹿角珊瑚（*A. abrotanoides*）］和篱枝同孔珊瑚（Hongo，2012；Hongo and Kayanne，2010）。这些珊瑚分布在珊瑚礁边缘到上部的礁坡，是珊瑚礁的生长边界。因此，伞状和扁平状鹿角珊瑚有可能以 0.5 m/100 年的最高速度生长，其速度与海平面上升速度相当（图 7.5）。如果 21 世纪海平面上升符合 RCP4.5 或 RCP6.0 预测的中等情况，那么现有珊瑚礁顶增长将能够赶上海平面上升速度，继续维持防波堤功能。

然而，上述种类的珊瑚最容易受到热胁迫和台风影响（Harii et al., 2014; Hongo and Yamano，2013）。例如，全球变暖引起超强台风更频繁地发生，从而使关键珊瑚物种之一的指形鹿角珊瑚逐渐消失（Hongo，2012）。这两种压力的增加将降低关键珊瑚物种的适应能力和生长速度，使其无法追赶上海平面的上升速度。

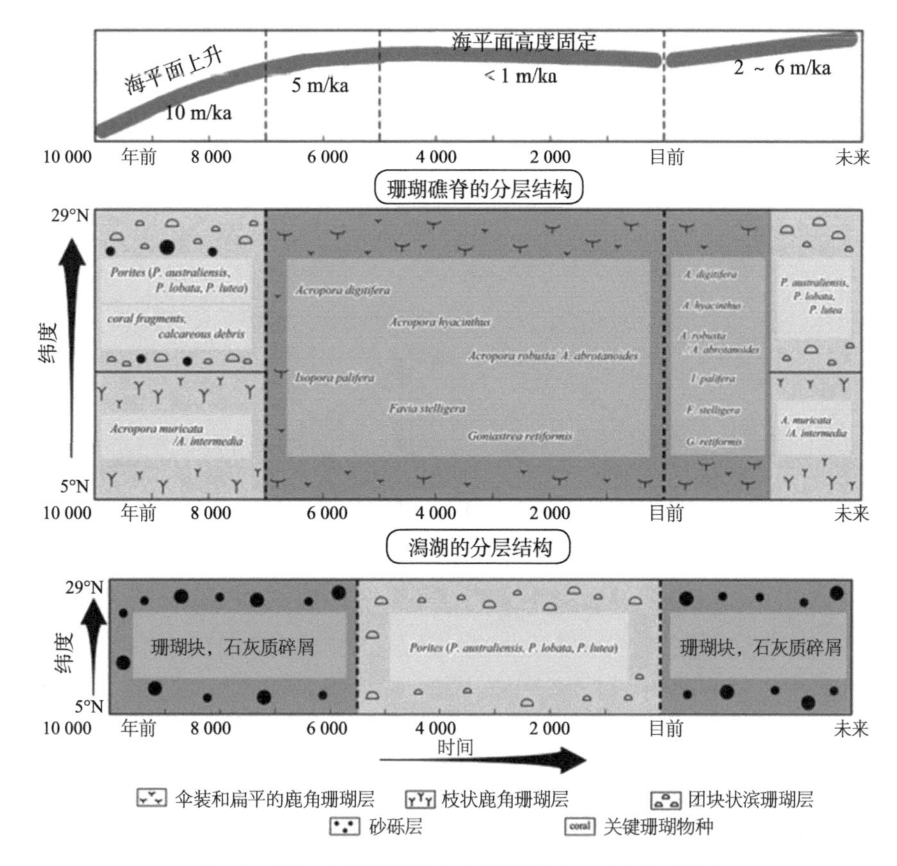

图 7.5　西北太平洋沉积相和关键珊瑚物种的时空演变模式

在 10 000 ～ 7 000 年前的海平面上升（10 m/ka）期间，热带和亚热带地区的枝状鹿角珊瑚属［美丽鹿角珊瑚（*A. muricata*）/ 中间鹿角珊瑚（*A. intermedia*）］和大量的滨珊瑚属分别是珊瑚礁成长的主要贡献者。在 7 000 ～ 5 000 年前的海平面上升（5 m/ka）时期，关键物种替代为指形鹿角珊瑚、风信子鹿角珊瑚、强壮鹿角珊瑚 / 粗枝鹿角珊瑚以及鹿角属中伞状和扁平的篱枝同孔珊瑚（*I. palifera*），它们在海平面稳定期间促成了珊瑚礁形成。伞状和扁平的鹿角属珊瑚中的关键物种预计将以 2 ～ 6 m/ka 的速度生成珊瑚礁，有助于应对未来海平面上升［来自 Hongo（2012），经 Elsevier 许可］

7.4.2　环礁应对海平面上升的机制

环礁地势低平，对海平面的微小变化敏感，生态环境相对脆弱。已有研究发现，热带太平洋地区的海平面比现在高 1 ～ 2 m，大部分环礁是在随后发生的海平面下降过程中形成的（Kayanne et al., 2011；Schofield，1977；Wilkinson et al., 1999；McLean and Woodroffe，1994）。例如，太平洋中部的马朱罗环礁，4 000 年前的海平面大约比现在高 1.1 m（图 7.6a）。此后，海平面于 2 000 年前开始下降，并在

100 年内形成了一个高于海平面的由珊瑚碎石和有孔虫沙组成的岛屿，随后便有人类在此定居（图 7.6b）（Kayanne et al., 2011）。自从第一批人类移居到这些光秃秃的岛屿以来，2 000 年来狭窄的环礁上一直有人类定居，并逐渐改变了这些岛屿的地形地貌，近年来的变化尤其明显（Yamaguchi et al., 2009）。

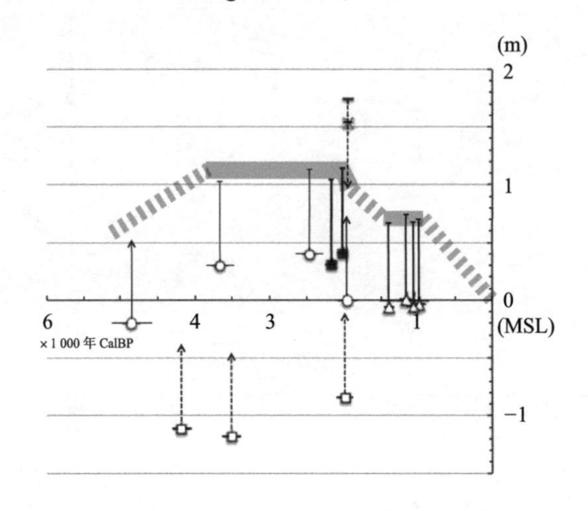

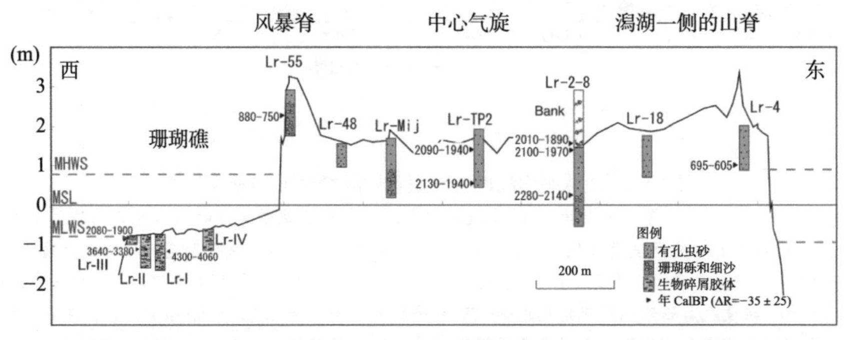

图 7.6　全新世海平面变化和劳拉岛马朱罗环礁的横截面变化示意图（来自 Kayanne 等，太平洋中部的马朱罗环礁 2 000 年 CalBP 后出现，人类随之在此定居。版权 ©2011 由 John Wiley & Sons，Inc. 转载于 Permis John Wiley & Sons，Inc）（CalBP 为地质学概念，指通过校正后的后代）

据报道，图瓦卢的首都风加法列岛在春季高潮位期间被淹没，可能与海平面上升有关，因为当地人说以前没有经历过类似情况（Patel，2006）。然而，从历史地图、航空照片和卫星图像中可以看出，洪灾是自 1978 年图瓦卢独立以来，随着人口的不断增加，居民区逐渐扩展到地势低洼的沼泽地造成的（Yamano et al., 2007）。

此外，人类活动的加剧引起生态系统不断退化，进一步减少了马朱罗（Osawa et al., 2010）和图瓦卢（Fujita et al., 2013）重要岛屿的有孔虫沙生产，历史形成的海沙转运通道逐渐被堤坝、码头和疏浚工程等人造建筑物堵塞。因此，现阶段环礁的生态环境问题并不像海平面上升造成的淹没那样简单，主要是由于人口增长及人类活动加剧带来的更加深远而复杂的影响（图 7.7）。这些情况使得环礁的生态问题更加严重。预计到 21 世纪末，海平面将上升超过 1 m。为了维持环礁的存在，恢复或修复环礁的自然生长过程至关重要。

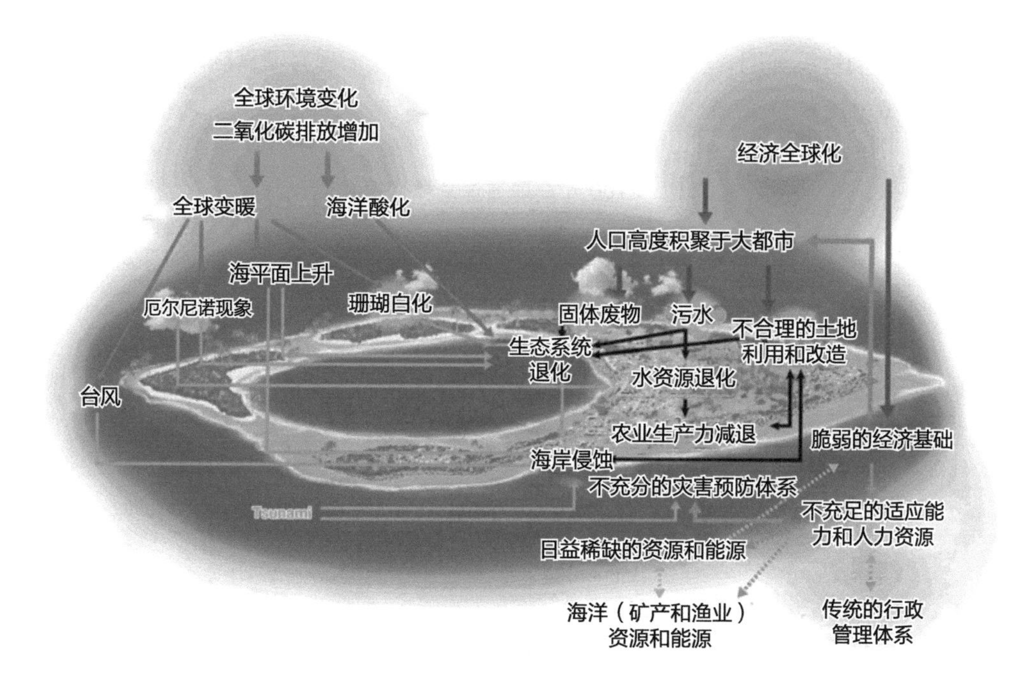

图 7.7 环礁面临的多重环境压力

7.5 “+2℃世界”中的珊瑚礁治理和保护

7.5.1 珊瑚礁的未来

表 7.1 总结了一个世纪后全球大洋的水温、pH 值和海平面高度等基本情况的预测结果，与 IPCC AR5 中的预测结果相类似。当前，化石燃料燃烧释放了 370 Gt

碳，大气中的 CO_2 浓度达到 400×10^{-6}，平均气温上升 0.8℃，pH 值下降 0.1 个单位（达到 8.10），海平面比工业化前上升 0.2 m。在 21 世纪末，如果通过减少化石燃料的燃烧和迅速增加碳汇来应对全球变暖，CO_2 浓度将稳定在 420×10^{-6}，温度会升高 1.5℃，pH 值不会降至 8.0 以下（表 7.1 中的 +1℃世界）。但随着时间的推移，海水升温和冰川融化加剧，海平面上升幅度将会增大。在“+1℃世界”中，珊瑚虽然能够维持生存，但平均每 5 年会发生一次严重的珊瑚白化事件（Frieler et al., 2013）。海洋酸化不会影响大多数珊瑚礁，它们能够维持珊瑚礁的地形地貌，其礁坪以 0.6 m/100 年的速度生长。然而，只有健康的珊瑚才能确保珊瑚礁的繁盛。如果人类活动持续加剧，将导致珊瑚生存压力不断增大，现有珊瑚礁区的地形地貌特征也将难以维系。

表 7.1　2100 年全球海洋总体情况预测

时间	项目	二氧化碳累计排放量	大气中二氧化碳浓度	平均温度	酸碱度	海平面高度（最终上升高度）	最终适用的 PICC 预测模型
		GtC	$\times10^{-6}$	℃		m	
工业革命以前		–	300	–	8.2	–	
现在		370	400	+0.8	8.1	+0.2	
In 2100	+1℃ world	650	420	+1.5	8.0	+0.6 (+1−2?)	RCP2.6
	+2℃ world	1 000 ~ 1 500	550 ~ 700	+2−+3	8.0−7.9	+0.7 (+2−4?)	RCP4.5, 6.0
	+4℃ world		900		+4	+0.8 (+5−9?)	RCP8.5

由于 CO_2 的排放至今未得到有效控制，“+2℃世界”将更有可能出现，因此，珊瑚礁的未来前景并不乐观。伴随着全球变暖和海洋酸化，每年都将会发生严重的珊瑚白化。当 pH 值低于 8.0 时，珊瑚礁将从净钙化转变为净溶解。随着冰盖的不断消融，珊瑚的垂直生长速度将难以追上海平面的升高速度。此外，重要珊瑚物种的减少甚至灭绝将导致珊瑚礁生态系统群落结构发生根本性转变，这将严重威胁珊瑚礁生态系统的健康。

“+2℃世界”是现存珊瑚礁生态系统保持健康的临界值，而在最糟糕的“+4℃

世界”情况下，没有珊瑚能够生存。珊瑚礁将被大型海藻所覆盖，并在未来的几个世纪内被快速上升的海平面完全淹没。

引起全球变暖的每一个环境因子都会对珊瑚产生压力，且不同因子间会产生协同作用。例如，高 SST 和低 pH 值联合作用导致珊瑚更容易发生白化（Anthony et al., 2008）。如果珊瑚白化和海洋酸化共同减少珊瑚覆盖率和钙化速率，那么珊瑚礁将逐渐丧失造礁石的能力，难以追赶上海平面升高的速度，最终将因无法得到足够光照而退化或死亡。

7.5.2 珊瑚应对全球变暖的反馈回路

全球气候变暖与珊瑚胁迫响应之间的关系见图 7.8。实线表示正相关关系，其中一个成分的增加（减小）导致实线连接成分的增加（减少）。全球变暖情况是通过一系列正相关关联在一起的，当 CO_2 浓度增加时，SST 升高并且海平面上升。相反地，虚线表示负相关关系，其中一个成分的增加（减小）导致虚线连接成分的减小（增加）；随着 CO_2 浓度的增加，海洋酸化引起钙化速率下降，而随着 SST 的增加，珊瑚白化导致光合作用减弱（Kayanne et al., 2005）。

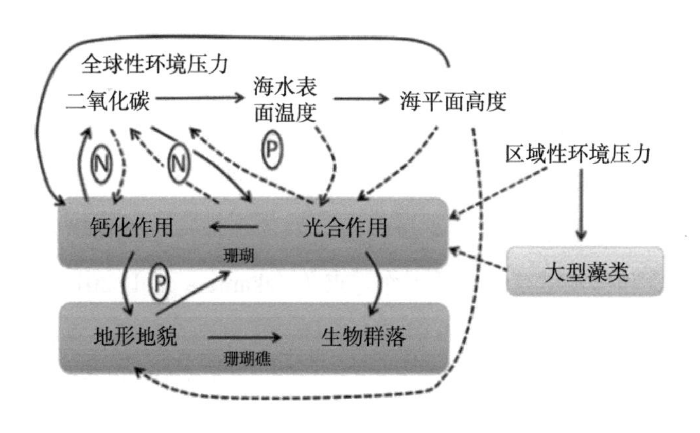

图 7.8 全球气候变暖与珊瑚胁迫响应之间的反馈回路

在某些情况下，该反馈回路中的正负因子也会发生相互耦合。一方面，CO_2 增加导致 SST 上升，珊瑚的光合作用减弱导致 CO_2 的固定能力下降，这是正反馈回路，因为 CO_2 的升高会导致上述循环中 CO_2 量的增加。另一方面，CO_2 增加导致 pH 值降低，珊瑚的钙化作用下降，随后 CO_2 在水中的溶解减少；同时，CO_2 的升高增强了珊瑚的光合作用并固定了更多的 CO_2，这些又形成了负反馈回路。虽然这些回路对于全球环境变化的影响相当小，但足以改变珊瑚礁的碳酸盐化学生理过程（图 7.5）（Anthony et al., 2011；Kleypas et al., 2011）。

此外，人类活动造成的海水富营养化、泥沙流失和过度捕捞等环境压力也在该反馈回路中扮演重要角色。这些压力通常有利于大型藻的快速生长，从而取代珊瑚成为优势种，导致珊瑚礁地形地貌发生改变。因此，具有反馈回路的生态系统有时可能因为优势种的转变导致系统外部的压力临界点发生剧烈或不可逆的变化（Scheffer et al., 2001），珊瑚礁优势种从以珊瑚为主转变为以巨型藻为主就是代表性例子之一（Hoegh-Guldberg et al., 2007；Mumby et al., 2007）。所有成分的增加或减少都可以在相同的正或负反馈回路内反转。如正反馈回路内的珊瑚覆盖度下降趋势可以反转并增加其在同一正反馈中的覆盖度。因此，珊瑚的退化并不是 Mumby（2008，2009）和 Steneck（2008）误认为的“负反馈”。

7.5.3 珊瑚礁的管理和保护

综上所述，为使珊瑚礁能抵御全球环境变化带来的威胁，首先必须减少当地人类活动带来的压力。如果正反馈回路能够加剧珊瑚礁退化，那么应该努力改变至少一个成分，将其转化到珊瑚礁恢复的负反馈回路中。例如，减少大型藻类覆盖，减少当地人类活动带来的环境压力，或者设法提高珊瑚的代谢水平。

全球变暖和海洋酸化对珊瑚礁的影响存在区位差异，与大洋海水进行密切物质和能量交换的珊瑚礁区，以及位于较深水层的珊瑚礁区应受到优先保护。同时，珊瑚的大规模培育和移植也是未来的工作重点（Nakamura et al., 2011）。在珊瑚幼苗的培育过程中，应该选择对压力具有更高耐受性的珊瑚和虫黄藻；在移植珊瑚幼苗时，应将特定的珊瑚物种移植到适合其生存的环境中。为保持珊瑚礁的原有结构，关键的珊瑚种类必须种植在相应的礁顶边缘；在此之前，必须有针对性地消除局部压力。

本章没有讨论珊瑚对全球范围内较高的 SST 和较低的 pH 值等压力的适应。但是，越来越多的研究已经证实了此迹象，说明珊瑚可能具备适应目前快速变化环境的能力。

参考文献

Anthony KRN, Kline DI, Diaz-Pulido G, Dove S, Hoegh-Guldberg O (2008) Ocean acidification causes bleaching and productivity loss in coral reef builders. Proc Natl Acad Sci U S A 105:17442–17446.

Anthony KRN, Kleypas JA, Gattuso JP (2011) Coral reefs modify their seawater carbon chemistry – implications for impacts of ocean acidification. Glob Change Biol 17:3655–3666.

Baker AC, Glynn PW, Riegl B (2008) Climate change and coral reef bleaching: an ecological assessment of long-term impacts, recovery trends and future outlook. Estuar Coast Shelf S 80:435–471.

Burrows MT, Schoeman DS, Buckley LB, Moore P, Poloczanska ES, Brander KM, Brown C, Bruno JF, Duarte CM, Halpern BS, Holding J, Kappel CV, Kiessling W, O'Connor MI, Pandolfi JM, Parmesan C, Schwing FB, Sydeman WJ, Richardson AJ (2011) The pace of shifting climate in marine and terrestrial ecosystems. Science 334:652–655.

Crook ED, Potts D, Rebolledo-Vieyra M, Hernandez L, Paytan A (2012) Calcifying coral abundance near low-pH springs: implications for future ocean acidification. Coral Reefs 31:239–245.

Dadhich AP, Nadaoka K, Yamamoto T, Kayanne H (2012) Detecting coral bleaching using high-resolution satellite data analysis and 2-dimensional thermal model simulation in the Ishigaki fringing reef, Japan. Coral Reefs 31:425–439.

Doney SC, Balch WM, Fabry VJ, Feely RA (2009) Ocean acidification: a critical emerging problem for the ocean sciences. Oceanography 22:16–25.

Fabricius KE, Langdon C, Uthicke S, Humphrey C, Noonan S, De'ath G, Okazaki R, Muehllehner N, Glas MS, Lough JM (2011) Losers and winners in coral reefs acclimatized to elevated carbon dioxide concentrations. Nat Clim Chang 1:165–169.

Frieler K, Meinshausen M, Golly A, Mengel M, Lebek K, Donner SD, Hoegh-Guldberg O (2013) Limiting global warming to 2℃ is unlikely to save most coral reefs. Nat Clim Chang 3:165–170.

Fujita M, Suzuki J, Sato D, Kuwahara Y, Yokoki H, Kayanne H (2013) Anthropogenic impacts on water quality of the lagoonal coast of Fongafale Islet, Funafuti Atoll, Tuvalu. Sustain Sci 8:381–390.

Glynn PW (1993) Coral-reef bleaching – ecological perspectives. Coral Reefs 12:1–17.

Hall-Spencer JM, Rodolfo-Metalpa R, Martin S, Ransome E, Fine M, Turner SM, Rowley SJ, Tedesco D, Buia MC (2008) Volcanic carbon dioxide vents show ecosystem effects of ocean acidification. Nature 454:96–99.

Hamanaka N, Kan H, Yokoyama Y, Okamoto T, Nakashima Y, Kawana T (2012) Disturbances with hiatuses in high-latitude coral reef growth during the Holocene: correlation with millennial-scale global climate change. Glob Planet Chang 80–81:21–35.

Harii S, Hongo C, Ishihara M, Ide Y, Kayanne H (2014) Impacts of multiple disturbances on coral communities at Ishigaki Island, Okinawa, Japan, during a 15 year survey. Mar Ecol Prog Ser 509:171.

Hoegh-Guldberg O, Bruno JF (2010) The impact of climate change on the world's marine ecosystems. Science 328:1523–1528.

Hoegh-Guldberg O, Mumby PJ, Hooten AJ, Steneck RS, Greenfield P, Gomez E, Harvell CD, Sale PF, Edwards AJ, Caldeira K, Knowlton N, Eakin CM, Iglesias-Prieto R, Muthiga N, Bradbury RH, Dubi A, Hatziolos ME (2007) Coral reefs under rapid climate change and ocean acidification. Science 318:1737–1742.

Hongo C (2012) Holocene key coral species in the Northwest Pacific: indicators of reef formation and reef ecosystem responses to global climate change and anthropogenic stresses in the near future. Quat Sci Rev 35:82–99.

Hongo C, Kayanne H (2010) Relationship between species diversity and reef growth in the Holocene at Ishigaki Island, Pacific Ocean. Sediment Geol 223:86–99.

Hongo C, Kayanne H (2011) Key species of hermatypic coral for reef formation in the Northwest Pacific during Holocene sea-level change. Mar Geol 279:162–177.

Hongo C, Yamano H (2013) Species-specific responses of corals to bleaching events on anthropogenically turbid reefs on Okinawa island, Japan, over a 15-year period (1995–2009). Plos One 8: e60952.

Hongo C, Kawamata H, Goto K (2012) Catastrophic impact of typhoon waves on coral communities in the Ryukyu Islands under global warming. J Geophys Res Biogeol 117:G02029.

Inoue S, Kayanne H, Yamamoto S, Kurihara H (2013) Spatial community shift from hard to soft corals in acidified water. Nat Clim Chang 3:683–687.

Jokiel PL, Coles SL (1990) Response of Hawaiian and other IndoPacific reef corals to elevatedtemperature. Coral Reefs 8:155–162.

Kayanne H (1992) Deposition of calcium carbonate into Holocene reefs and its relation to sea-level rise and atmospheric CO_2. In: Proceedings of the 7th international coral reef symposium 1:50–55.

Kayanne H, Harii S, Ide Y, Akimoto F (2002) Recovery of coral populations after the 1998 bleaching on Shiraho Reef, in the Southern Ryukyus, NW Pacific. Mar Ecol Prog Ser 239:93–103.

Kayanne H, Hata H, Kudo S, Yamano H, Watanabe A, Ikeda Y, Nozaki K, Kato K, Negishi A, Saito H (2005) Seasonal and bleaching-induced changes in coral reef metabolism and CO_2 flux. Glob Biogeochem Cycles 19(3):2299–2310.

Kayanne H, Yasukochi T, Yamaguchi T, Yamano H, Yoneda M (2011) Rapid settlement of Majuro Atoll, central Pacific, following its emergence at 2000 years CalBP. Geophysical Research Letters 38(20):582–582.

Kleypas JA, Anthony KRN, Gattuso JP (2011) Coral reefs modify their seawater carbon chemistry case study from a barrier reef. Glob Chang Biol 17(12):3667–3678.

Liu G, Strong AE, Skirving W (2003) Remote sensing of sea surface temperatures during 2002 Barrier Reef coral bleaching. Eos Trans AGU 84(15):137–141.

Liu G, Strong AE, Skirving W, Arzayus LF (2006) Overview of NOAA coral reef watch program's near-real time satellite global coral bleaching monitoring activities. In: Proc 10th Int Coral Reef Symp 2, pp 1783–1793.

McLean RF, Woodroffe CD (1994) Coral atolls. In: Carter B, Woodroffe CD (eds) Coastal evolution: late quaternary shoreline morphodynamics. Cambridge University Press, Cambridge, pp 267–302.

Monastersky R (2013) Global carbon dioxide levels near worrisome milestone. Nature 497(7447):13–14.

Montaggioni LF (2005) History of Indo-Pacific coral reef systems since the last glaciation: development patterns and controlling factors. Earth-Sci Rev 71:1–75.

Morse JW, Andersson AJ, Mackenzie FT (2006) Initial responses of carbonate-rich shelf sediments to rising atmospheric pCO_2 and "ocean acidification": role of high Mg-calcites. Geochim Cosmochim Ac 70:5814–5830.

Moss RH, Edmonds JA, Hibbard KA, Manning MR, Rose SK, van Vuuren DP, Carter TR,

Emori S, Kainuma M, Kram T, Meehl GA, Mitchell JFB, Nakicenovic N, Riahi K, Smith SJ, Stouffer RJ, Thomson AM, Weyant JP, Wilbanks TJ (2010) The next generation of scenarios for climate change research and assessment. Nature 463:747–756.

Mumby PJ (2009) Phase shifts and the stability of macroalgal communities on Caribbean coral reefs. Coral Reefs 28:761–773.

Mumby PJ, Steneck RS (2008) Coral reef management and conservation in light of rapidly evolving ecological paradigms. Trends Ecol Evol 23:555–563.

Mumby PJ, Hastings A, Edwards HJ (2007) Thresholds and the resilience of Caribbean coral reefs. Nature 450(7166):98–101.

Nakamura R, Ando W, Yamamoto H, Kitano M, Sato A, Nakamura M, Kayanne H, Omori M (2011) Corals mass-cultured from eggs and transplanted as juveniles to their native, remote coral reef. Mar Ecol Prog Ser 436:161–168.

Nakano Y (2004) Global environmental change and coral bleaching. In: Environment TJCRSaMot (ed) Coral reefs of Japan. Ministry of the Environment, Japan, pp 42–48.

Nojima S, Okamoto M (2008) Enlargement of habitats of scleractinian corals to north and coral bleaching events. Nippon Suisan Gakkaishi 74(74):884–888.

Osawa Y, Fujita K, Yu U, Kayanne H, Ide Y, Nagaoka T, Miyajima T, Yamano H (2010) Human impacts on large benthic foraminifers near a densely populated area of Majuro Atoll, Marshall Islands. Mar Pollut Bull 60(8):1279–1287.

Parmesan C, Yohe G (2003) A globally coherent fingerprint of climate change impacts across natural systems. Nature 421:37–42.

Patel SS (2006) A sinking feeling. Nature 440:734–736.

Paulay G, Benayahu Y (1999) Patterns and consequences of coral bleaching in Micronesia (Majuro and Guam) in 1992—1994. Micronesica 31:109–124.

Plummer LN, Mackenzie FT (1974) Predicting mineral solubility from rate data – application to dissolution of magnesian calcites. Am J Sci 274:61–83.

Poloczanska ES, Brown CJ, Sydeman WJ, Kiessling W, Schoeman DS, Moore PJ, Brander K, Bruno JF, Buckley LB, Burrows MT, Duarte CM, Halpern BS, Holding J, Kappel CV, O'Connor MI, Pandolfi JM, Parmesan C, Schwing F, Thompson SA, Richardson AJ (2013) Global imprint of climate change on marine life. Nat Clim Chang 3:919–925.

Porter V, Leberer T, Gawel M, Gutierrez J, Burdick D, Torres V, Lujan E (2005) Status of the coral reef ecosystems of Guam University of Guam Marine Laboratory Technical Report, Guam 68p.

Scheffer M, Carpenter S, Foley JA, Folke C, Walker B (2001) Catastrophic shifts in ecosystems. Nature 413:591–596

Schofield JC (1977) Effect of late Holocene sea-level fall on atoll development. N Z J Geol Geophys 20:531–536

Silverman J, Lazar B, Cao L, Caldeira K, Erez J (2009) Coral reefs may start dissolving when atmospheric CO_2 doubles. Geophys Res Lett 36:GL036282

Sugihara K, Sonoda N, Imafuku T, Nagata S, Ibusuki T, Yamano H (2009) Latitudinal changes in hermatypic coral communities from west Kyushu to Oki Islands in Japan. Journal of the J Jpn Coral Reef Soc 11(1):51–67.

Takahashi A, Kurihara H (2013) Ocean acidification does not affect the physiology of the tropical coral Acropora digitifera during a 5-week experiment. Coral Reefs 32(1):305–314.

van Woesik R, Sakai K, Ganase A, Loya Y (2011) Revisiting the winners and the losers a decade after coral bleaching. Mar Ecol Prog Ser 434:67–76.

van Woesik R, Houk P, Isechal AL, Idechong JW, Victor S, Golbuu Y (2012) Climate-change refugia in the sheltered bays of Palau: analogs of future reefs. Ecol Evol 2:2474–2484.

Veron JE, Hoegh-Guldberg O, Lenton TM, Lough JM, Obura DO, Pearce-Kelly P, Sheppard CR, Spalding M, Stafford-Smith MG, Rogers AD (2009) The coral reef crisis: the critical importance of <350 ppm CO_2. Mar Pollut Bull 58(10):1428–1436.

Veron JEN, Minchin PR (1992) Correlations between sea surface temperature, circulation patterns and the distribution of hermatypic corals of Japan. Cont Shelf Res 12(7–8):835–857.

Watanabe A, Yamamoto T, Nadaoka K, Maeda Y, Miyajima T, Tanaka Y, Blanco AC (2013) Spatiotemporal variations in CO_2 flux in a fringing reef simulated using a novel carbonate system dynamics model. Coral Reefs 32(1):239–254.

Wilkinson C (2002) Status of coral reefs of the world 2002. Australian Institute of Marine Science, Townsville.

Wilkinson C, Hodgson G, Strong AE (1999) Ecological and Socioeconomic Impacts of 1998 Coral Mortality in the Indian Ocean: An ENSO Impact and a Warning of Future Change? Ambio 28(2):188–196.

Woodroffe CD, McLean RF, Smithers SG, Lawson EM (1999) Atoll reef-island formation and response to sea-level change: West Island, Cocos (Keeling) Islands. Mar Geol 160:85–104.

Yamaguchi T, Kayanne H, Yamano H (2009) Archaeological investigation of the landscape history of an oceanic atoll: Majuro, Marshall islands. Pac Sci 63:537–565.

Yamamoto S, Kayanne H, Terai M, Watanabe A, Kato K, Negishi A, Nozaki K (2012) Threshold of carbonate saturation state determined by CO_2 control experiment. Biogeosciences 9:1441–1450 .

Yamamoto S, Kayanne H, Tokoro T, Kuwae T, Watanabe A (2015) Total alkalinity flux in coral reefs estimated from eddy covariance and sediment pore-water profiles. Limnol Oceanogr 60:229–241.

Yamano H, Kayanne H, Yamaguchi T, Kuwahara Y, Yokoki H, Shimazaki H, Chikamori M (2007) Atoll island vulnerability to flooding and inundation revealed by historical reconstruction: Fongafale Islet, Funafuti Atoll, Tuvalu. Glob Planet Chang 57:407–416 .

Yamano H, Sugihara K, Nomura K (2011) Rapid poleward range expansion of tropical reef corals in response to rising sea surface temperatures. Geophys Res Lett 38:GL046474.

Yara Y, Oshima K, Fujii M, Yamano H, Yamanaka Y, Okada N (2011) Projection and uncertainty of the poleward range expansion of coral habitats in response to sea surface temperature warming: a multiple climate model study. Galaxea J Coral Reef Stud 13:11–20 .

Yara Y, Vogt M, Fujii M, Yamano H, Hauri C, Steinacher M, Gruber N, Yamanaka Y (2012) Ocean acidification limits temperature-induced poleward expansion of coral habitats around Japan. Biogeosciences 9:4955–4968.

Yoneyama S, Seno K, Yamamoto T (2008) Coral bleaching in Hahajima Island, Ogasawara Island chain in 2003. Tokyo Metrop Res Fish Sci 2:81–93.

第 8 章　大气活性氮沉降形成的区域尺度富营养化对珊瑚礁生态系统的影响

宫岛俊弘，森本直子，中村隆，山本隆弘，渡边敦，滩冈和夫
（Toshihiro Miyajima，Naoko Morimoto，Takashi Nakamura，
Takahiro Yamamoto，Atsushi Watanabe，and Kazuo Nadaoka）

中纬度地区产生的工业污染物的迁移和沉降可能导致低纬度地区珊瑚礁生态系统的退化。我们研究了亚热带北太平洋西部沿岸石垣岛和西表岛周围的珊瑚礁中可溶性无机氮（DIN）和可溶性无机磷（DIP）的大气沉降，发现秋季和冬季的 DIN 沉降速率高于夏季，氮的年际沉降速率比亚热带北大西洋珊瑚礁区高出 3 ~ 8 倍，这几乎与之前估计的石垣岛蓝藻的固氮速率相当。气团后向轨迹模式分析（backward trajectory analysis）表明，冬季大气硝酸盐的主要远程排放源来自中国大陆的沿海工业区。通过与先前的研究对比发现，21 世纪第一个 10 年间，跨境污染对区域氮平衡的影响显著增加。

生物元素的大气沉降已经被认为是全球沿海富营养化的主要因素之一。特别是近几十年来，随着工业氮肥的施用量增加以及发电厂和车辆中化石燃料的燃烧，空气污染日益严重，活性氮（NO_3^-，NH_4^+ 和有机氮）的大气沉降也显著增加（Gruber and Galloway, 2008）。由于大气沉降氮含量超过载荷，陆地和沿海海洋生态系统面临持续和加剧的压力，可能对初级生产者的无机营养盐的获得性和化学计算方法产生显著影响（Owens et al., 1992；Paerl et al., 2002）。

由于含有活性氮（N_r，除过氧化乙酰硝酸酯外）的气溶胶在对流层停留时间约 1 周（Jacob，1999），大气中的 N_r 沉降（ADN_r）无法在全球范围内扩散，通常局限于北美、欧洲和东亚等主要源区几千千米内的邻近和下风区域（Dentener et al., 2006；Doney et al., 2007；Galloway et al., 2004；Kim and Jeong，2011）。因此，ADN_r 主要在

人口稠密和工业化区域下风口的地区对海洋生态产生显著影响。例如，美国大西洋、波罗的海和地中海西部等区域（Fanning，1989；Paerl，1997）。然而，在热带和亚热带的经济不发达地区，工业固氮和化石燃料的应用正在急剧增加，这可能在低纬度沿海海洋生态系统中产生大量的 ADN_r。此外，根据区域风力状况，污染气团可以在海上远距离输送（Wenig et al., 2002），从北方吹来的季风可以有效地将大气氮从中纬度污染源地区输送到低纬度海域。包括 ADN_r 在内，外部 N_r 的输入量对原本氮限制的生态系统产生了重大的潜在影响。珊瑚礁区显著升高的蓝藻固氮活性表明，氮是许多珊瑚礁中最受限制的营养成分之一（D'Elia et al., 1990）。ADN_r 的增加可能会对珊瑚礁的生态和生物地球化学循环带来重大且不可逆转的改变。

大气 N_r 可以形成湿式和干式两种沉降物。其中，干式沉降物进一步分为颗粒和气态氮（NH_3）沉降物。气态氮沉降物仅聚拢在当地 NH_3 源附近，并且随着距离的增加而迅速减少（Aneja et al., 2001）。在沿海地区，湿式沉降物和颗粒干式沉降物是 ADN_r 的主要成分，湿式和干式沉降物的相对作用可以随地点的变化而变化。除了在干旱气候条件下，湿式沉降物往往是 ADN_r 的主要部分（Gao，2002；Meyers et al., 2013；Poor et al., 2001），因此，ADN_r 的多少受到降雨量以及与大气 N_r 源位置的限制。某一 N_r 源能够传播覆盖的面积通常被称为 "气流量（Airshed）"（Paerl，2002），主要取决于风力状况，并且可能在受季风强烈影响的季节之间变化。这种季节性变化可能会增加或减少 ADN_r 的生态影响，这取决于当地的物候学（Phenology）特征。

ADN_r 被专一而广泛地输送给海面，影响浮游植物的初级生产力，进而影响造礁石珊瑚等底栖生物（Paerl et al., 2002）。其次，ADN_r 的影响将通过食物链传递给浮游动物，可能影响底栖无脊椎动物浮浪幼虫的生存。当考虑 ADN_r 在群落中的影响时，这种级联效应将是特别重要的。珊瑚浮浪幼虫的较高存活率将支持珊瑚种群的健康和恢复力；与之相反，以珊瑚为食的动物 [如长棘海星（*Acanthaster planci*）] 的幼虫存活率增加可能会导致其群落的退化。因此，为了评价和预测 ADN_r 对珊瑚礁的生态影响，不仅需要评估 ADN_r 的总量，还要明确影响 ADN_r 时空变化的主要因素。

为了达到这一目标，我们调查了亚热带北太平洋西部八重山群岛周围的珊瑚礁上的 Nr 湿沉积情况。研究发现，在东亚季风和频繁的热带风暴的强烈影响下，此处的气流量产生了剧烈的时序变化（图 8.4）。研究团队在 2009 年 3 月至 2012 年

9月间进行了多次实地考察，冬季（1月）和夏季（8月/9月）最为集中，其他时期也进行了短期调查。在每次调查期间，收集每次降雨后的样本，分析样品的pH值、电导率、营养物（NO_3^-、NO_2^-、NH_4^+和PO_4^{3-}）和主要离子浓度。借助日本国家海洋与大气管理局（NOAA）混合单粒子拉格朗日综合轨迹（hybrid single particle lagrangian integrated trajectory，HYSPLIT）模型（www.arl.noaa），可以通过后向轨迹模式分析定位每次降雨的N_r源点。

八重山群岛的亚热带气候有明显的季节变化（月平均气温：16.6 ~ 29.4℃），全年都有降水（图8.1a），特别是7—10月，受热带风暴影响，偶尔有强烈的降雨。冬季（1月）和春夏季（4—9月，图8.2），降雨中氧（$\delta^{18}O$）和氢（δ^2H）同位素比值存在差异。具体来说，1月降雨中的过量氘（d，定义为δ^2H-8 $\delta^{18}O$）为20 ~ 30，比4—9月（4 ~ 14）高出许多。这表明，季风是研究区域降水量的主要来源和输送途径（Araguás-Araguás et al., 1998）。冬季，来自西伯利亚的气团产生的北部季风促使东海温暖的海水迅速蒸发，产生高氘的水蒸气，并被进一步输送到八重山群岛并形成降雨；在温暖的季节，菲律宾海或南海形成的低氘的水蒸气，主要由北太平洋热带反气旋产生的南极季风输送并形成降雨。台风引起的大雨常常含有负的$\delta^{18}O$和δ^2H（图8.2），但氘值与暖月份相似。

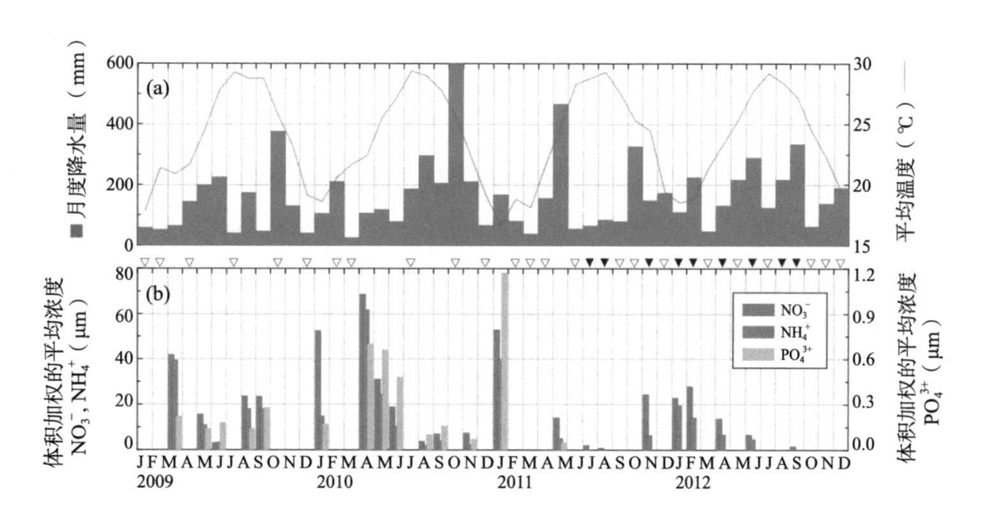

图8.1　（a）石垣岛（八重山群岛的主岛）的月平均降水和平均气温（日本气象厅出版）；（b）在2009年1月至2012年9月，在八重山群岛收集的降雨中NO_3^-、NH_4^+和PO_4^{3-}的月平均浓度的加权（空心三角形表示没有收集降雨样本的月份，实心三角形表示确定NO_3^-、NH_4^+，而PO_4^{3-}没有被确定的月份）

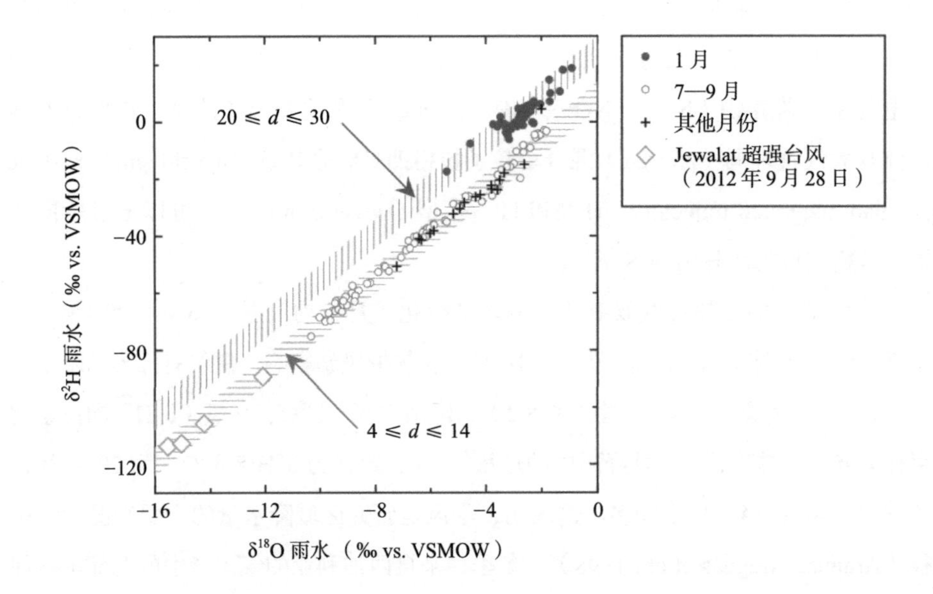

图 8.2　2009 年 11 月至 2012 年 9 月期间收集的降雨样品的氧（$\delta^{18}O$）和氢（$\delta^{2}H$）同位素比值（同位素比值由国际标准“维也纳标准平均海水”（Vienna Standard Mean Ocean Water，VSMOW）的每毫米偏差表示）

NO_3^-、NH_4^+ 和 PO_4^{3-} 加权量的月平均浓度也随时间变化而显著变化（图 8.1b）。通过比较连续的夏季和冬季时期的数据，发现冬季（1—3 月）的浓度总是高于夏季（6—9 月）。冬季降雨的 pH 值大部分为 4.0 ~ 5.0，与夏季（pH 值 > 5.0）明显不同。NO_3^-、NH_4^+ 和 PO_4^{3-} 的月平均浓度变化相似（图 8.1b）。然而，当对个别降水事件进行浓度比较时，它们之间不一定存在相关关系（图 8.3）。NH_4^+ 与 NO_3^- 的比例通常小于 1（平均 0.86），但方差较大（图 8.3a）。PO_4^{3-} 与 NO_3^- 的比例变化更大，在大多数情况下小于 0.02，但冬季的比例通常比夏季更低（图 8.3b）。NH_4^+ 与非海盐 SO_4^{2-} 之间有很强的相关性（$r = 0.7405$，$P < 0.0001$；图 8.3c），这表明 NH_4^+ 主要以硫酸盐和硫酸氢盐气溶胶的形式经由大气输送（Nakamura and Matsumoto，2005）。上述观察结果表明，这些重要营养物质通过大气输送的通量主要取决于大规模的季风和降水的季节性循环，其浓度存在明显的短期波动，这可能是由于成核的可变效率和将气溶胶夹带到个体降雨事件中导致的。

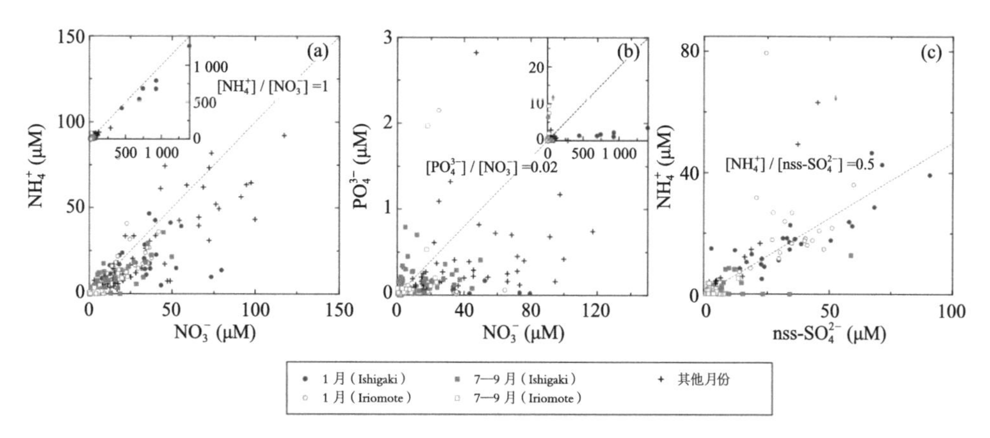

图 8.3　在 2009 年 3 月至 2012 年 1 月间收集的降雨样本中，（a）NH_4^+ 与 NO_3^- 的浓度，（b）PO_4^{3-} 与的 NO_3^- 浓度，（c）NH_4^+ 与非海盐 SO_4^{2-}（nss-SO_4^{2-}）

在 1 月和 8—9 月进行的集中调查采集了石垣岛和西表岛周围（大约距离石垣岛西部 20 km）各 5 个地点的降雨样本。结果证实，即使在单次降雨中营养浓度也存在显著的空间变化。西表岛的降水量通常比石垣岛高，这可能由于前者有更多的山脉。在每个岛屿的各个地点，降雨中的营养物质和主要离子浓度通常是变化的。但是，单个降雨中的营养物浓度在岛的迎风侧和 / 或降水量较小的地方存在较高的趋势，这一趋势可能与营养物质往往集中在个别降雨期里较早的降雨中有关（Radojevic and Lim，1995；Seymour and Stout，1983）。这一研究结果表明，ADN_r 的空间格局在以千米为单位的范围内变化，这一点在评估 ADN_r 的生态影响时十分重要，也表明通过单点监测对沿海生态系统的 ADN_r 进行定量评估相当困难。

运用 HYSPLIT 模型对个别降雨事件的后向轨迹进行模拟，发现八重山群岛夏季观测到的降水通常是由菲律宾海的水汽输送引起的，偶尔也来自南海。在这种情况下，八重山群岛形成降雨之前，气团在菲律宾海或南海停留至少 3 天，降雨中 NO_3^- 和 NH_4^+ 的浓度很低（< 10 μmol·L^{-1}），而冬季降水通常是由中国东海的水汽输送引起的。特别地，当气团在 3 天内通过中国东北的工区后，降雨中的 NO_3^- 和 NH_4^+ 浓度发生极大的升高。2011 年 1 月 29 日在石垣岛周围 4 个地点收集的降雨样品中检测到 420 ~ 1400 μmol·L^{-1} 的 NO_3^- 和 NH_4^+。当气团来自于日本西侧时（例如，中国台湾和长江三角洲），降雨中营养物质浓度并不高，NO_3^- 和 NH_4^+ 通常为 20 ~ 100 μmol·L^{-1}，但仍明显高于夏季的正常降雨。然而，即使在夏季，偶尔也会有穿越中

国东海的云层带来的降雨，降雨中的营养物质浓度与冬季的降雨相同。在 2009 年夏天，太平洋热带反气旋中心位于比正常年份更远的东部，热带风暴频繁形成，向北穿过菲律宾海。因此，风经常从北方吹到八重山群岛，形成明显的富营养化降雨，导致 2009 年 8 月和 9 月降雨中加权平均养分浓度明显高于 2010—2012 年同期水平（图 8.1b）。

上述研究表明，营养物质向特定区域的湿式沉降很大程度上取决于降雨事件前几天的区域（非局部）风力状况。因此，一旦确定主要污染源的位置，可以运用后向气团轨迹模型预测其大小、方向、成分等指标，也可以根据季风强度和持续时间来定性预测 ADN_r 的年际变化。

本研究运用 2009 年 3 月至 2012 年 1 月之间的数据测算了每月降雨中 NO_3^- 和 NH_4^+ 的加权平均浓度，并将其乘以日本气象厅公布的 2003—2010 年石垣岛平均月降水量，估算出 NO_3^- 和 NH_4^+ 的年平均湿式沉降分别为 35.7 $mmol{\cdot}m^{-2}{\cdot}a^{-1}$ 和 21.9 $mmol{\cdot}m^{-2}{\cdot}a^{-1}$。其中，$NO_3^-$ 值比以 1997—1998 年石垣岛的降水资料为基础的估算值略高，而 NH_4^+ 的值略低（Agata et al., 2006）；与 2000 年冲绳岛的估算值相比，NO_3^- 比估计值约高 2 倍，且略高于 NH_4^+ 的值（Tomoyose et al., 2003）（表 8.1）。Agata 等（2006）的研究发现，冬季（12 月到翌年 2 月）降雨中 NO_3^- 的浓度相对较低，与上述研究结果形成对照。他们还发现，NH_4^+ 湿式沉降的峰值出现在 6 月、10 月和翌年 1 月，是由当地大量使用铵肥等引起的。Tomoyose 等（2003）通过分析自 1996 年以来冲绳岛（大约在石垣岛东北方 380 km）NO_3^- 的湿式沉降的冬季峰值，发现从 1996—2001 年间中国大陆产生了越来越多的跨界污染，引起湿式沉降逐渐增加（Ohara et al., 2007）。他们还发现，由于当地大量使用铵肥等，NH_4^+ 湿式沉降的高峰发生在夏季。因此，在 20 世纪末，由于冬季季风远距离输送，冲绳岛（26.4°N）越境 NO_3^- 污染显而易见，而石垣岛（24.4°N）并不明显。但是，Tomoyose 等（2003）的研究表明，由于过去 10 年间中国北方的工业活动日益增加，冬季大陆来源的大气 NO_3^- 输送似乎已经大幅增加，这可能是本研究中观察到 NO_3^- 出现冬季峰值的原因。另一方面，由于降雨收集点存在差异，各研究关于湿式沉降季节变化的数据不一致。Tomoyose 等（2003）和 Agat 等（2006）在当地农业和（或）城市大气辐射源的影响明显较大的一个点监测和收集湿式沉降。本研究也设立了几个降雨收集点，其中一些面向大海，而另一些在山区。相比之下，当地使用铵肥等因素对这些监测地点的影响相对较小。

作为比较，表 8.1 列出了以前在亚热带北大西洋珊瑚礁区研究 ADN_r 的一些成果。美洲大陆是该地区 ADN_r 的主要来源（Barile and Lapointe，2005），由于当地农业活动中使用铵肥存在差异，以及美国和中国的工业与农业 N_r 排放量也存在差异，北太平洋西部的年 ADN_r 值比北大西洋明显要高。与之相比，北太平洋西部地区 ADN_r 的季节性变化更为剧烈，表明东亚季风在影响沿海地区 ADN_r 的大小方面起着关键作用。该结果表明，区域尺度气象活动诱发的 ADN_r 对珊瑚礁的潜在影响有很大的差异。

表 8.1　亚热带北大西洋和西太平洋西部岛屿活性氮（N）的年度湿沉积速率

地名	年均湿式沉降（$nmol·m^{-2}·a^{-1}$）					参考文献
	年份	NO_3^-	NH_4^+	DIN	TN	
北大西洋						
马尾藻海	1982—1984	2.2 ~ 10.6	3.7 ~ 7.7	11.0	5.8 ~ 29.2	Knap et al.,（1986）
巴哈马群岛	200	4.3	3.7	8.0	–	Barile and Lapointe（2005）
百慕大群岛	2008	5.6	5.2 ~ 10[a]	–	10 ~ 19	Knapp et al.,（2010）
西北太平洋亚热带海域						
石垣岛	1997—1998	34（6 ~ 98）	32（5 ~ 75）	66	–	Agnta et al.,（2006）
冲绳岛	2000	13.2（2.9 ~ 26.5）	18.5（0 ~ 46.3）	31.7	–	Tomoyose et al.,（2003）
西表岛	2009—2011	35.7（2.7 ~ 55.3）	21.9（0.1 ~ 52.2）	57.5	–	This study
朝鲜半岛附近岛屿	2002—2008	–	–	53 ~ 110[b]	–	Kim et al.,（2011）
其他潜在来源区域	2007—2010	35 ~ 62	79 ~ 146	116 ~ 202	–	Pan et al.,（2012）

[a] including organic nitrogen 包括有机氮；[b] including dry deposition 包括干式沉降

说明 1. 冬季亚热带西北太平洋 ADN_r 潜在源区（东北）大气活性氮的沉降速率也列为比较。2. 括号中的数字表示每月变化的范围。

那么，ADN_r 的变化会对珊瑚礁生态系统造成怎样的影响？基于氮排放预算，通常情况下，我们通过比较 ADN_r 与其他 N_r 源的量级来估算 N_r 输入。Umezawa 等（2002）用蓝藻固氮和陆源输入（地下水排放）来估算石垣岛周围两个珊瑚礁的 N_r 输入，并与地下水通量相对比。两个珊瑚礁区中的蓝藻固氮率预计为 40 ~ 90 $mmol \cdot m^{-2} \cdot a^{-1}$（以氮计）。在地下水排放少（Kabira）和地下水排放多（Shiraho）的珊瑚礁中，陆地 N_r 载荷量估计分别为 30 ~ 170 $mmol \cdot m^{-2} \cdot a^{-1}$（以氮计）和 390 ~ 550 $mmol \cdot m^{-2} \cdot a^{-1}$（以氮计）。将这些数字与表 8.1 中的数字相比较后发现，至少在陆地 N_r 输入相对较低的珊瑚礁中，ADN_r 可以对珊瑚礁生态系统的 N_r 平衡产生重大影响，且与蓝藻固氮的影响相当。表 8.1 中对 ADN_r 的估算只考虑了直接沉降在珊瑚礁区水面上的湿式沉降物，而 Umezawa 等（2002）估算的陆地 N_r 载荷除了当地使用铵肥等因素之外，还包括了部分流域中的 ADN_r。如果 ADN_r 通过平流输送到珊瑚礁区，那么外海的 ADN_r 也可以对珊瑚礁的 N_r 平衡产生影响。因此，ADN_r 对珊瑚礁 N_r 平衡的实际影响可能远远大于这一对比实验的结果。

此外，ADN_r 对生态的影响与陆地 N_r 输入和蓝藻固氮不同。因为陆地 N_r 是由河水通过河口和 / 或来自沙滩的地下水排放提供的，且最初被河口和 / 或沙滩生物群落使用；而固氮主要由珊瑚礁中的底栖蓝藻实现。因此，固定的氮最初有益于底栖初级生产者和它们的捕食者。相比之下，ADN_r 主要向水体中的珊瑚礁区和外海的浮游植物等初级生产者提供 N_r。因此，必须了解包括浮游植物在内的悬浮颗粒有机物的动态，以确定 ADN_r 如何与珊瑚中底栖消费者的营养联系起来。另外，ADN_r 还可以向珊瑚提供 N_r。例如，生活在浅层礁坪上的鹿角珊瑚等专门从水体中获取极低浓度的溶解有机营养物质。因此，在正确理解和预测 ADN_r 在珊瑚礁生态系统中的生态效果之前，需要进一步深入研究，特别是在实验及建模方法上使用先进工具，如稳定同位素。

参考文献

Agata S, Kumada M, Satake H (2006) Characteristics of hydrogen and oxygen isotopic compositions and chemistry of precipitation on Ishigaki Island in Okinawa, Japan. Chikyukagaku (Geochemistry) 40:111–123 (in Japanese with English summary).

Aneja VP, Roelle PA, Murray GC, Southerland J, Erisman JW, Fowler D, Asman WAH, Patni N (2001) Atmospheric nitrogen compounds II: emissions, transport, transformation, deposition and assessment. Atmos Environ 35(11):1903–1911.

Araguás-Araguás L, Froehlich K, Rozanski K (1998) Stable isotope composition of precipitation over southeast Asia. J Geophys Res 103(D22):28721–28742.

Barile PJ, Lapointe BE (2005) Atmospheric nitrogen deposition from a remote source enriches macroalgae in coral reef ecosystems near Green Turtle Cay, Abacos, Bahamas. Mar Pollut Bull 50(11):1262–1272.

D'Elia CF, Wiebe WJ (1990) Biogeochemical nutrient cycles in coralreef ecosystems. In: Dubinsky Z (ed) Coral reefs. Elsevier Science Publishers B.V, Amsterdam, pp 49–74.

Dentener F., Drevet J., Lamarque J.F., Bey I., Eickhout B., Fiore A.M., Hauglustaine D., Horowitz L.W., Krol M., Kulshrestha U.C., Lawrence M., Galy-Lacaux C., Rast S., Shindell D., Stevenson D., Van Noije T., Atherton C., Bell N., Bergman D., Butler T., Cofala J., Collins B., Doherty R., Ellingsen K., Galloway J., Gauss M., Montanaro V., Muller J.F., Pitari G., Rodriguez J., Sanderson M., Solmon F., Strahan S., Schultz M., Sudo K., Szopa S. and Wild O. (2006) Nitrogen and sulfur deposition on regional and global scales: a multimodel evaluation. Global Biogeochem Cycles 20, doi:10.1029/2005GB002672.

Doney SC, Mahowald N, Lima I, Feely RA, Mackenzie FT, Lamarque JF, Rasch PJ (2007) Impact of anthropogenic atmospheric nitrogen and sulfur deposition on ocean acidification and the inorganic carbon system. Proc Natl Acad Sci U S A 104(37):14580.

Fanning KA (1989) Influence of atmospheric pollution on nutrient limitation in theocean. Nature 339(6224):460–463.

Galloway J, Dentener F, Capone D, Boyer E, Howarth R, Seitzinger S, Asner G, Cleveland C, Green P, Holland E, Karl D, Michaels A, Porter J, Townsend A, Vorosmarty C (2004) Nitrogen cycles: past, present, and future. Biogeochemistry 70:153–226.

Gao Y (2002) Atmospheric nitrogen deposition to Barnegat Bay. Atmos Environ 36:5783–5794.

Gruber N, Galloway J (2008) An Earth-system perspective of the global nitrogen cycle. Nature

451:293–296.

Kim TW, Lee K, Najjar RG, Jeong HD, Jeong HJ (2011) Increasing N abundance in the northwestern Pacific Ocean due to atmospheric nitrogen deposition. Science 334:505–509.

Meyers T, Sickles J, Dennis R, Russell K, Galloway J, Church T (2001) Atmospheric nitrogen deposition to coastal estuaries and their watersheds. In: Nitrogen loading in coastal water bodies: an atmospheric perspective. American Geophysical Union, Washington, pp 53–76.

Nakamura T, Matsumoto K, Uematsu M (2005) Chemical characteristics of aerosols transported from Asia to the East China Sea: an evaluation of anthropogenic combined nitrogen deposition in autumn. Atmos Environ 39:1749–1758.

Ohara T, Akimoto H, Kurokawa J-I, Horii N, Yamaji K, Yan X, Hayasaka T (2007) An Asian emission inventory of anthropogenic emission sources for the period 1980–2020. Atmos Chem Phys 7:4419–4444.

Owens NJP, Galloway JN (1992) Episodic atmospheric nitrogen deposition to oligotrophic oceans. Nature 357:397–399.

Paerl HW (1997) Coastal eutrophication and harmful algal blooms: importance of atmospheric deposition and groundwater as “new” nitrogen and other nutrient sources. Limnol Oceanogr 42:1154–1165.

Paerl HW (2002) Connecting atmospheric nitrogen deposition to coastal eutrophication. Environ Sci Technol 36:323A–326A.

Paerl HW, Dennis RL, Whitall DR (2002) Atmospheric deposition of nitrogen: implications for nutrient over-enrichment of coastal waters. Estuaries 25:677–693.

Poor N, Pribble R, Greening H (2001) Direct wet and dry deposition of ammonia, nitric acid, ammonium and nitrate to the Tampa Bay Estuary, FL, USA. Atmos Environ 35:3947–3955.

Radojevic M, Lim L (1995) Short-term variation in the concentration of selected ions within individual tropical rainstorms. Water Air Soil Pollut 85:2363–2368.

Seymour MD, Stout T (1983) Observations on the chemical composition of rain using short sampling times during a single event. Atmos Environ 17:1483–1487.

Umezawa Y, Miyajima T, Kayanne H, Koike I (2002) Significance of groundwater nitrogen discharge into coral reefs at Ishigaki Island, southwest of Japan. Coral Reefs 21:346–356.

Wenig M, Spichtinger N, Stohl A, Held G, Beirle S, Wagner T, Jähne B, Platt U (2003) Intercontinental transport of nitrogen oxide pollution plumes. Atmos Chem Phys 3:387–393.